职业教育课程改革创新教材

现代信息技术专业群系列教材

互联网+

CorelDRAW X7 平面设计基础教程

（微课版）

主　编　肖　雪　叶似男　邹　琦

副主编　董　倩　于浩海　方　彬

　　　　吕　意　汪　溪　赵　云

参　编　郭晓敏

主　审　夏超群

科学出版社

北　京

内 容 简 介

本书全面系统地介绍了 CorelDRAW X7 的基本操作方法和矢量图形的制作技巧，包括初识 CorelDRAW X7，绘制和编辑曲线、图形，排列和组合对象，编辑轮廓线和填充颜色，编辑文本，编辑位图，交互式工具组的使用，以及打印等内容。

通过学习 CorelDRAW X7 的使用方法，并结合案例的实际操作，读者可以快速上手，熟悉软件功能及其使用方法。综合实例的讲解可以拓展读者的实际应用能力，提高读者的软件使用技巧。

本书配套有立体化的教学资源包，包括效果图片、源文件、视频演示。书中穿插有丰富的二维码资源链接，通过手机等终端扫描可观看微课、视频等学习资源。

本书内容实用、基础性强，适合作为职业院校数字媒体艺术类专业课程的教材，也可作为 CorelDRAW X7 自学人员的参考用书。

图书在版编目（CIP）数据

CorelDRAW X7 平面设计基础教程：微课版/肖雪，叶似男，邹琦主编 . —北京：科学出版社，2025.6

职业教育课程改革创新教材　现代信息技术专业群系列教材

ISBN 978-7-03-071010-9

Ⅰ. ①C⋯　Ⅱ. ①肖⋯　②叶⋯　③邹⋯　Ⅲ. ①平面设计-图形软件-职业教育-教材　Ⅳ. ①TP391.412

中国版本图书馆 CIP 数据核字（2021）第 260820 号

责任编辑：张振华　刘建山 / 责任校对：王万红
责任印制：吕春珉 / 封面设计：东方人华平面设计部

科 学 出 版 社 出版

北京东黄城根北街 16 号
邮政编码：100717
http://www.sciencep.com

三河市良远印务有限公司印刷

科学出版社发行　　各地新华书店经销
*

2025 年 6 月第 一 版　　开本：787×1092 1/16
2025 年 6 月第一次印刷　　印张：15
字数：350 000

定价：58.00 元
（如有印装质量问题，我社负责调换）

销售部电话 010-62136230　编辑部电话 010-62135120-2005

前　言

本书编写贯彻党的二十大报告、《普通高等学校教材管理办法》和《高等学校课程思政建设指导纲要》等相关文件精神，紧紧围绕"培养什么人、怎样培养人、为谁培养人"这一教育的根本问题，以落实立德树人为根本任务。

CorelDRAW X7 是基于矢量图进行操作的设计软件，具有专业的设计工具，这款软件是 Corel 公司出品的矢量图形制作工具软件，这个图形工具给设计师提供了矢量动画、海报招贴、页面设计、网站制作、位图编辑和网页动画等多种功能。本书以平面设计软件 CorelDRAW X7 作为平台，介绍了平面设计中常用的操作方法和设计要领。

本书由浅入深、循序渐进地介绍了 CorelDRAW X7 的操作方法和设计技巧。相比以往的同类教材，本书具有许多特点和亮点，主要体现在如下几个方面。

1. 校企"双元"联合编写，行业特色鲜明

本书由校企"双元"联合编写。编者均来自教学或企业一线，有多年教学和实践经验，多数人带队参加过国家或省级技能大赛，并取得了优异的成绩。在编写本书的过程中，编者能紧扣该专业的培养目标，借鉴技能大赛所提出的能力要求，把技能大赛过程中所体现的规范、高效等理念贯穿其中，符合当前企业对人才综合素质的要求。

本书采用"理实一体化""基于工作过程"的职业教育课程改革理念，力求建立以单元为核心、以工作任务为载体、以工作过程为导向的教学模式，安排了"课堂案例"等模块，并对操作过程加以适当的提示，具有很强的针对性和可操作性。案例设计环环相扣，采用梯度式教学，便于学生在短期内掌握。

2. 体现以人为本，从职业院校学生实际出发

本书切实从职业院校学生的实际出发，以浅显易懂的语言和丰富的图示来进行说明，不过度强调理论和概念，主要介绍操作技能、技巧，培养学生的职业能力，拓展学生视野，帮助学生树立创新精神，培养学生独立解决问题的能力。

本书摒弃了以往 CorelDRAW X7 类书籍中过多的理论描述，从实用、专业的角度出发，剖析各个知识点。本书以练代讲，练中学，学中悟，不仅可以大幅度提高学生的学习效率，还可以很好地激发学生的学习兴趣和创作灵感。

3. 强调"岗课赛证"综合育人，注重思政融入

本书共 9 个单元，主要内容包括初识 CorelDRAW X7，绘制和编辑曲线、图形，贝塞尔工具、艺术笔工具、度量工具的使用，排列和组合对象、对象的变换、对象的造型，编辑轮廓线与填充颜色，编辑文本，编辑位图，交互式工具组的使用，以及打印等。

本书围绕 CorelDRAW X7 的典型应用，内容编写注意对接岗位核心能力、职业标准及 1+X 职业技能等级证书，强调"岗课赛证"综合育人；同时凝练课程中蕴含的思政要素，

将创新意识、团队意识、中华优秀传统文化、文化自信、工匠精神的培养与教学内容融为一体，以潜移默化地提升学生的思想政治素养。

4. 配套立体化的教学资源，便于实施信息化教学

本书配有立体化的教学资源包（下载地址：www.abook.cn），收录了书中所有实例的源文件、相关素材及教学视频，便于教学。同时，书中链接有丰富的数字化资源，通过手机等终端扫描后，可观看相关视频。

本书由武汉工程职业技术学院肖雪、叶似男、邹琦担任主编，湖北城市建设职业技术学院董倩、武汉工程职业技术学院于浩海、武汉民政职业学院方彬、武汉工程职业技术学院吕意、广东科技学院汪溪、武汉工程职业技术学院赵云担任副主编，武汉钢铁江北集团有限公司郭晓敏参与编写。武汉工程职业技术学院夏超群对全书内容进行审定。

编者在编写本书的过程中参阅了大量同类专著和教材，在此一并致谢。

由于时间紧迫，加之编者水平有限，书中难免有疏漏和不足之处，衷心希望广大读者批评指正。

目　　录

初识 CorelDRAW X7

单元 1

单元导读

了解基本的打开和存储文件，以及导入和导出位图图片的方法可以方便我们在后续的设计过程中添加所需使用的位图图片素材，并有助于我们保存自己制作的设计文件。

学习目标

通过本单元的学习，应熟练掌握 CorelDRAW X7 文件的打开、保存、导入及导出方法。

思政目标

1. 坚定技能报国、民族复兴的信念，立志成为行业拔尖人才。

2. 树立正确的学习观、价值观、人生观，培养职业认同感、责任感和荣誉感。

1.1　CorelDRAW X7 概述

CorelDRAW Graphics Suite 是由加拿大 Corel 公司开发的一款平面设计软件，随着计算机技术的日益发展和在图形设计领域的深入应用，CorelDRAW X7 矢量图形绘图软件已经具备了全面而强大的图形编辑处理功能，成为在平面设计中应用较广泛的设计软件之一。

1.1.1　CorelDRAW X7 的图形概念

在学习和使用 CorelDRAW X7 之前，先要了解相关的图像知识，下面对位图、矢量图、像素、分辨率及颜色模式等概念进行介绍。

1. 位图

计算机中显示的图形一般可以分为两大类：位图和矢量图。位图也称为点阵图像，是由称为像素（图片元素）的单个点组成的。这些点通过不同的排列和染色以构成位图。当放大位图时，可以看到构成整个位图的所有像素点。扩大位图尺寸的效果就是增大单个像素尺寸，这样会使线条和形状显得参差不齐。但若从稍远的位置查看位图，位图的颜色和形状又显得是连续的。常用的位图处理软件是 Photoshop。我们平时拍摄的照片就是位图，它是由一个个像素点组成的，放大后会出现马赛克般的效果，如图 1-1 所示。

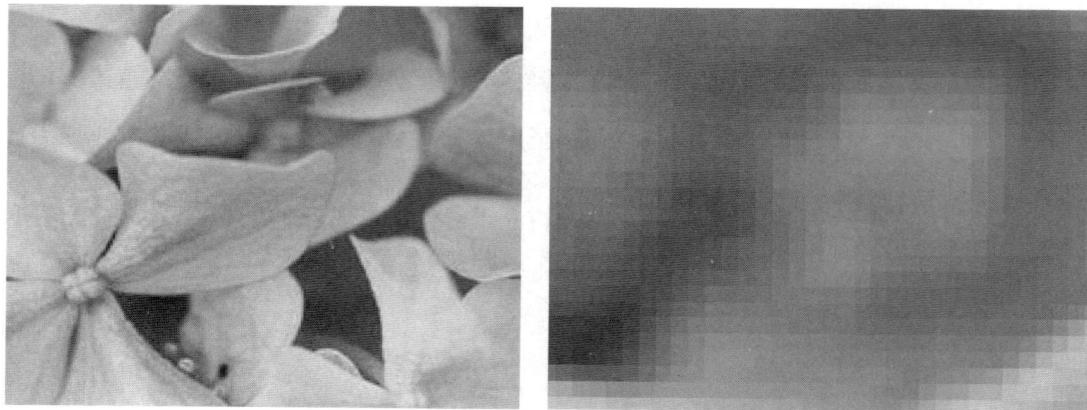

图 1-1　位图及其放大后的效果

2. 矢量图

矢量图也称为面向对象的图像，在数学上定义为一系列由线连接的点。矢量文件中的图形元素称为对象。每个对象都是一个自成一体的实体，它具有颜色、形状、轮廓、大小和屏幕位置等属性。矢量图只能靠软件生成，也就是它需要由设计师来设计创造，其元素对象可被编辑，图像放大或缩小不影响其分辨率，图像放大后也不会产生马赛克或锯齿效果，如图 1-2 所示。

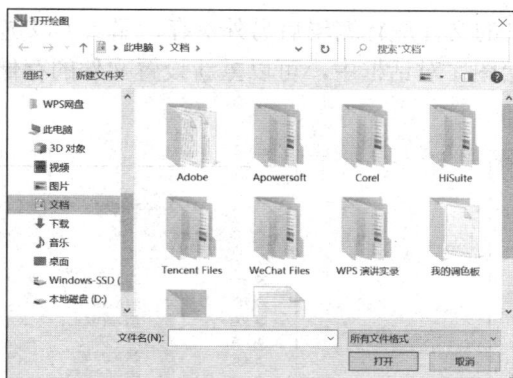

图 1-9 "打开绘图"对话框

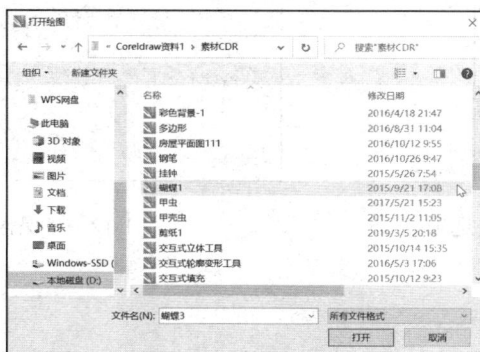

图 1-10 打开的文件

3. 保存文件

新建文件并进行必要的编辑后，单击软件界面左上角的"保存"按钮，或使用 Ctrl+S 组合键，或选择"文件"→"保存"选项，如图 1-11 所示，在打开的"保存绘图"对话框中对文件的存储位置、名称和保存类型等进行设置，完成后单击"保存"按钮，即可保存文件。

如果想对已经保存过的文件进行编辑后另外保存，那么可以选择"文件"→"另存为"选项，在打开的"保存绘图"对话框中，可以重新设置文件的存储位置及名称等信息，如图 1-12 所示。

图 1-11　选择"保存"选项　　　　　　图 1-12　"保存绘图"对话框

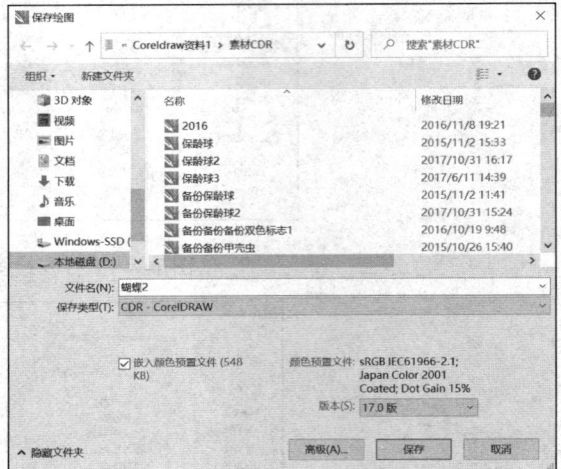

4. 导入文件

CorelDRAW X7 不能直接打开某些指定格式的图形。例如，要打开一个 JPG 格式的位图图像，需要选择"文件"→"导入"选项，在打开的"导入"对话框（图 1-13）中选择所需导入文件，然后单击"导入"按钮，此时鼠标指针将转换为导入光标，此时单击即可将导入的 JPG 图像文件以原图大小放置在绘制界面，用户可以根据需要对图像文件进行相应的编辑设置，如图 1-14 和图 1-15 所示。

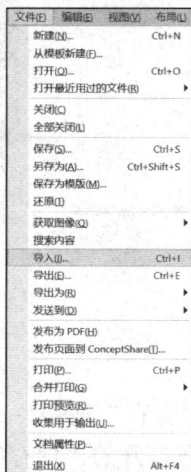

（a）选择"导入"选项　　　　　　（b）"导入"对话框

图 1-13　导入文件

图 1-14　选择导入图片到界面

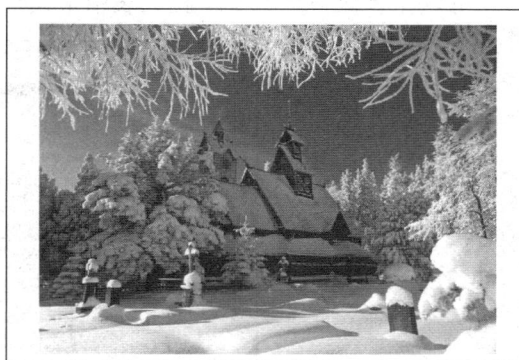

图 1-15　图片导入成功

5. 导出文件

　　要导出 CorelDRAW X7 中已经编辑处理过的图像，可以选择"文件"→"导出"选项，如图 1-16 所示，或使用 Ctrl+E 组合键，在打开的"导出"对话框中，选择文件的存储位置和保存类型后，单击"导出"按钮即可，如图 1-17 所示。

图 1-16　选择"导出"选项

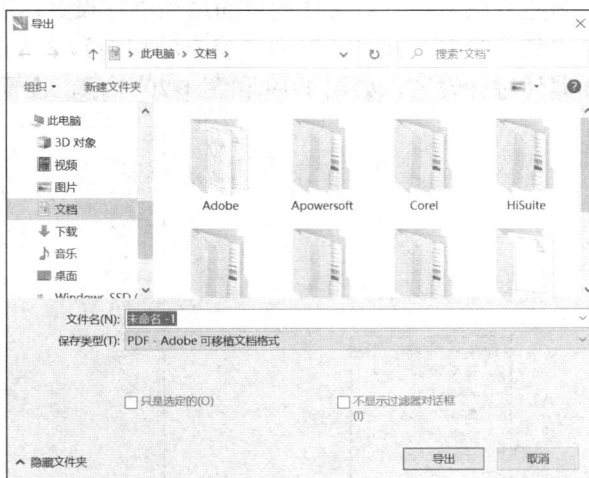

图 1-17　"导出"对话框

可以在"保存类型"下拉列表中根据自己的需要选择图像的类型，如图 1-18 所示。

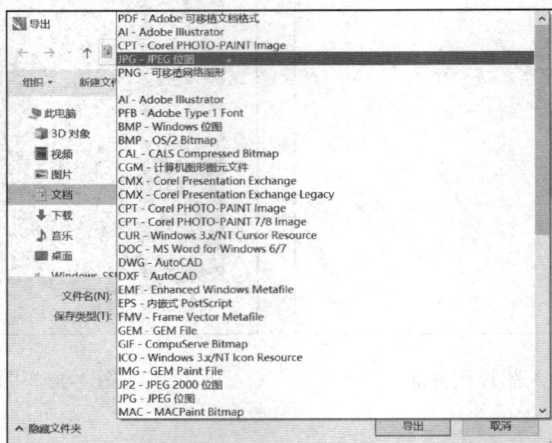

图 1-18　"保存类型"下拉列表

1.2.2　绘制页面设置

在 CorelDRAW X7 中进行绘图操作前，需要先对绘制页面的相关属性进行设置，包括页面大小、纸张方向、页边距、页面背景及页面布局等。

1. 设置页面属性

新建空白文件，对文件的页面属性进行设置，可以选择"布局"→"页面设置"选项，打开"选项"对话框，此时系统将自动切换到"页面尺寸"选项面板，用户可以对文件的页面属性进行设置，如图 1-19 和图 1-20 所示，设置完成后单击"确定"按钮即可。

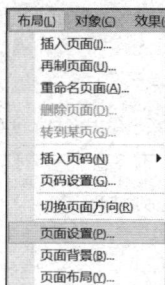

图 1-19　选择"页面设置"选项

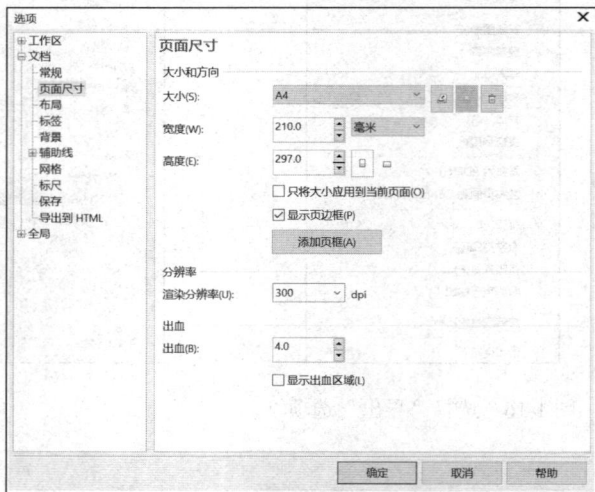

图 1-20　"选项"对话框

1）设置页面大小：单击"选项"对话框中的"大小"下拉按钮，在弹出的下拉列表中选择文件页面的大小。

2）自定义页面尺寸：在"高度"和"宽度"文本框中输入所需数值，自定义页面大小。

3）设置页面方向：单击"高度"文本框右侧的"纵向"或"横向"按钮，设置页面的方向。

4）设置分辨率：在"渲染分辨率"文本框中输入所需的分辨率值，或直接单击文本框右侧的下拉按钮，在弹出的下拉列表中选择一种分辨率选项作为文件的分辨率（该选项仅在测量单位为像素时才可用）。

5）设置出血：在"出血"文本框中输入相应的数值，或单击右侧的微调按钮，设置文件的出血尺寸。

2. 设置页面背景

为了使文件页面效果更加丰富，用户可以对页面的背景效果进行设置。选择"布局"→"页面设置"选项，打开"选项"对话框，切换至"背景"选项面板，在"背景"选项面板中设置页面的背景效果，如图 1-21 所示，设置完成后单击"确定"按钮即可。

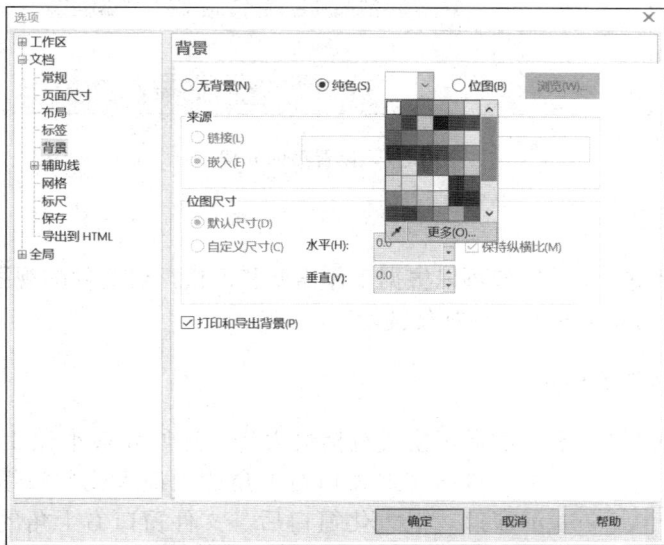

图 1-21 设置页面背景

1）设置页面纯色背景：选中"纯色"单选按钮，然后单击右侧用于展开颜色面板的下拉按钮，在弹出的下拉列表中选择所需的页面背景颜色。

2）设置页面图片背景：选中"位图"单选按钮，然后单击右侧的"浏览"按钮，在打开的"导入"对话框中，选择合适的位图图像，单击"导入"按钮，即可为页面设置相应的图片背景效果。

3. 设置页面布局

在进行绘图操作前，用户需要先对图像文件的页面尺寸和对开页状态等版式进行设置。选择"布局"→"页面设置"选项，打开"选项"对话框，切换到"布局"选项面板，对页面的布局进行设置，如图 1-22 所示，设置完成后单击"确定"按钮即可。

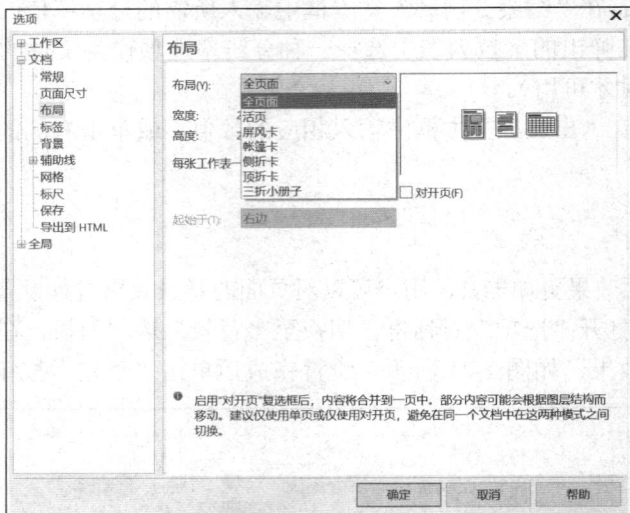

图 1-22　设置页面布局

1.2.3　视图方式设置

在 CorelDRAW X7 中，用户可以根据工作需要和习惯，对文件的视图方式进行设置，使文件中图形图像的编辑和处理更加便捷。

1. 文件窗口的显示模式

CorelDRAW X7 文件窗口的显示模式包括最大化、还原和最小化 3 种，如图 1-23 所示。单击文件窗口右上角的"最大化"按钮，可以最大化显示窗口。最大化窗口后，文件窗口右上角的"最大化"按钮将变为"还原"按钮，单击"还原"按钮可以还原窗口。单击窗口右上角的"最小化"按钮，可以将 CorelDRAW X7 窗口缩小至状态栏中。

图 1-23　文件窗口的显示模式

2. 窗口的排列方式

在 CorelDRAW X7 中，若同时打开多个图形文件，则可以在"窗口"菜单中选择相应的选项来设置窗口的显示模式，以方便图形的对比和查看。可以选择"窗口"→"水平平铺"选项，将窗口水平排列，如图 1-24 所示；或选择"窗口"→"层叠"选项，将窗口进行层叠排列，如图 1-25 所示。

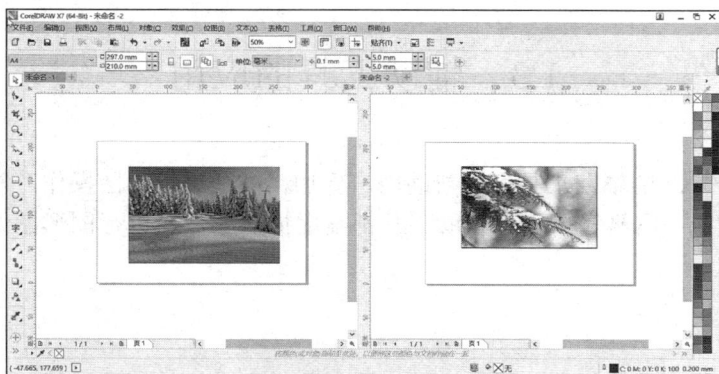

图 1-24　窗口水平排列

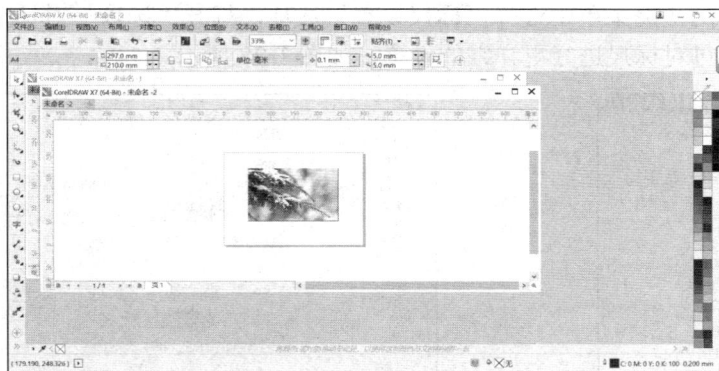

图 1-25　窗口层叠排列

3．预览显示

在图形编辑中，用户可以随时对页面中的对象以不同的区域或状态进行查看，包括全屏预览、分页预览或指定预览。选择图形对象后，选择"视图"→"只预览选定的对象"选项，如图 1-26（a）所示，即可全屏显示选定的对象区域，如图 1-26（b）所示。

（a）选择"只预览选定的对象"选项　　　　　　（b）全屏显示选定的对象区域

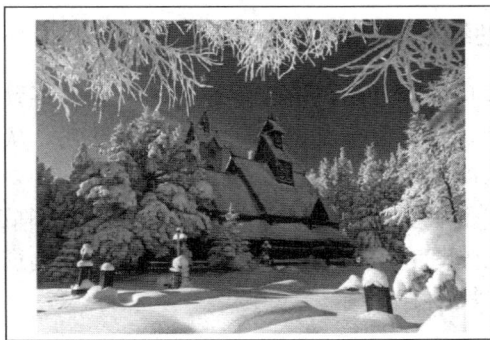

图 1-26　预览显示

1.3 辅助工具的应用

CorelDRAW X7 的辅助工具可以帮助用户更加精准地进行绘图操作。常用的辅助工具包括标尺、辅助线、网格等，这些辅助工具都是虚拟对象，在进行图形图像的打印或输出时不会显现出来。

1.3.1 标尺

标尺位于绘图区的顶部和左侧边缘，能够帮助用户进行更加精准的绘制、缩放和对齐操作。选择"视图"→"标尺"选项（图 1-27），可以切换标尺的显示与隐藏状态。在标尺上右击，在弹出的快捷菜单中选择"标尺设置"选项，打开"选项"对话框，然后在"标尺"选项面板中可对标尺进行更详细的设置，如图 1-28 所示。

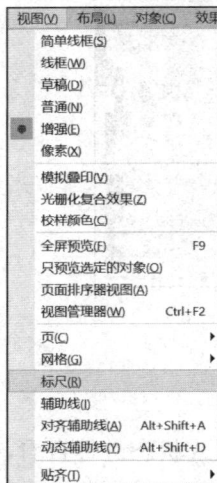

图 1-27 选择"标尺"选项 　　　　图 1-28 对标尺进行参数设置

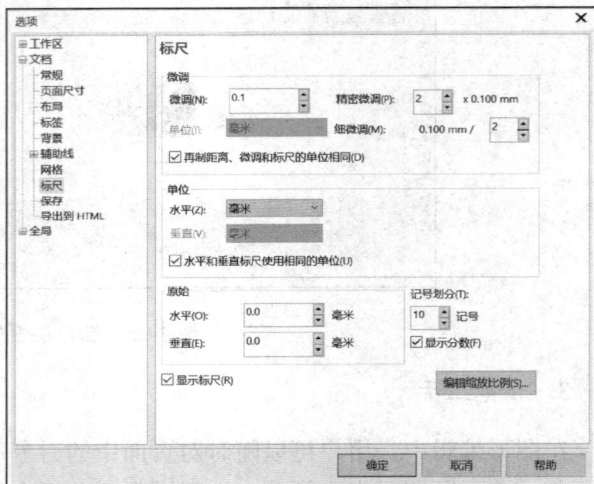

1.3.2 辅助线

辅助线可以辅助用户进行更精确的绘图。将鼠标指针移动到标尺上，按住鼠标左键向画面中拖动，释放鼠标左键后就会出现辅助线。从水平标尺中拖出的是水平辅助线，从垂直标尺拖出的是垂直辅助线。

在标尺上右击，在弹出的快捷菜单中选择"辅助线设置"选项，或选择"视图"→"辅助线"选项（图 1-29），在打开的"辅助线"泊坞窗中可以根据需要对辅助线的相关属性进行设置，如图 1-30 所示。

图 1-29 选择"辅助线"选项　　　　　图 1-30 设置辅助线的相关属性

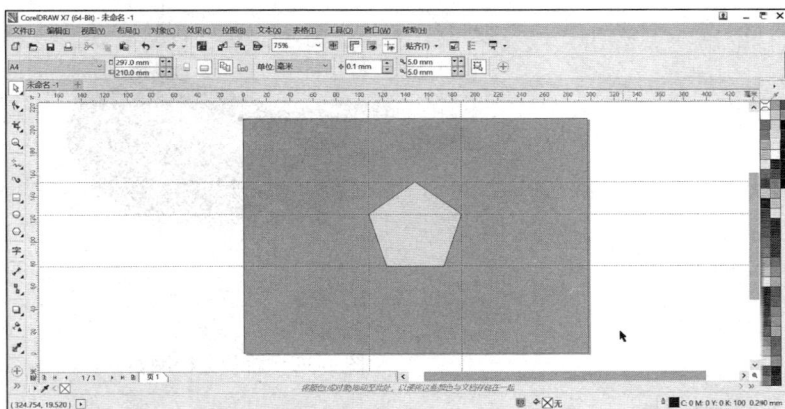

1.3.3 网格

网格是分布在页面中有规律的参考线，用于精确定位图像。选择"视图"→"网格"选项，其子菜单中包括"文档网格""像素网格""基线网格"3 种网格，如图 1-31 所示。

图 1-31 "网格"子菜单

1）文档网格：一组可在绘图窗口显示的交叉线条，使用率较高。选择"视图"→"网格"→"文档网格"选项，即可显示文档网格，如图 1-32 所示。

2）像素网格：在像素模式下可以使用。选择"工具"→"选项"选项，在打开的"选项"对话框中选择左侧的"文档"→"网格"选项，然后在右侧的"像素网格"选项组中可以对网格的不透明度和颜色等进行设置。

3）基线网格：一种类似于笔记本横格的网格。

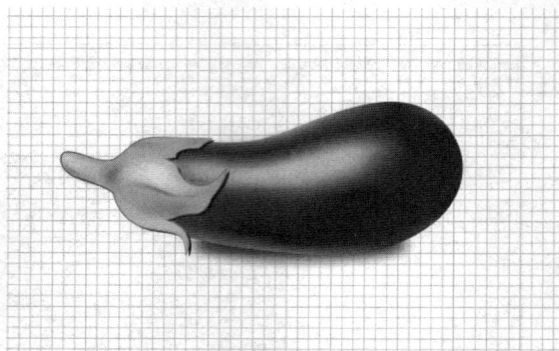

图 1-32　显示文档网格

2 单元

图 形 绘 制

单元导读

　　CorelDRAW X7 提供了功能强大的绘图工具，熟练掌握这些工具的使用方法后，可以利用它们塑造今后在设计过程中所需要的各类图形。

学习目标

　　通过本单元的学习，应熟练掌握运用绘制工具组绘制各类图形的方法和技巧。

思政目标

　　1. 培养逻辑思维、创新思维，提升空间想象力。
　　2. 培养审美情趣、美学意识，提升视觉艺术的表达能力。

2.1 线条绘制

在 CorelDRAW X7 中，线条绘制包括直线绘制和曲线绘制。长按工具箱中的手绘工具按钮，然后在弹出的曲线展开工具栏中，可以看到用于绘制直线、折线、曲线等线条工具，如图 2-1 所示。

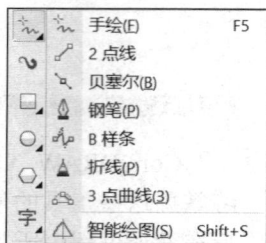

图 2-1　手绘工具下拉列表

2.1.1　手绘工具

使用 CorelDRAW X7 的手绘工具可以非常自由地绘制曲线和直线线段，就像在纸上使用铅笔绘制一样。该工具具有很强的自由性，并且在绘制过程中会自动对毛糙的边缘进行修复，使绘制的线条自然流畅。选择工具箱中的手绘工具后，即可进行以下线条的绘制。

1. 绘制直线

选择工具箱中的手绘工具，在页面的空白处单击，然后移动鼠标指针确定另一点的位置，再次单击，即可在两点之间形成一条直线，如图 2-2 所示。

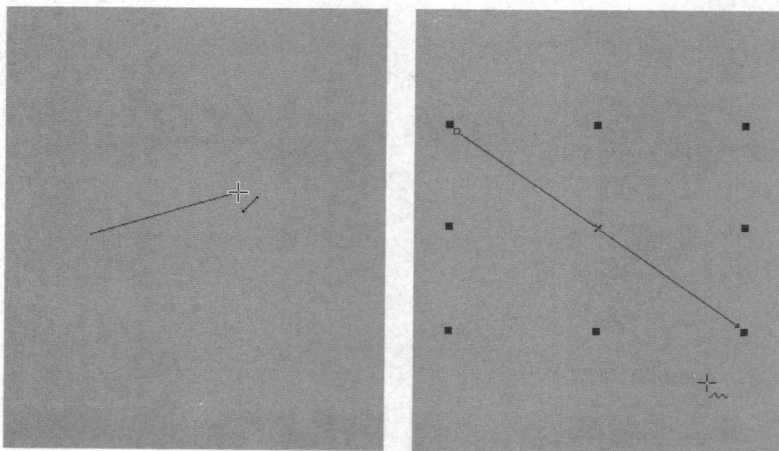

图 2-2　绘制直线

2. 绘制曲线

使用手绘工具在页面中按住鼠标左键进行拖动绘制，释放鼠标左键后即可形成曲线，如图 2-3 所示。在绘制过程中，若曲线出现毛边，则可以在属性栏中调节"手绘平滑"的数值对曲线进行平滑处理。

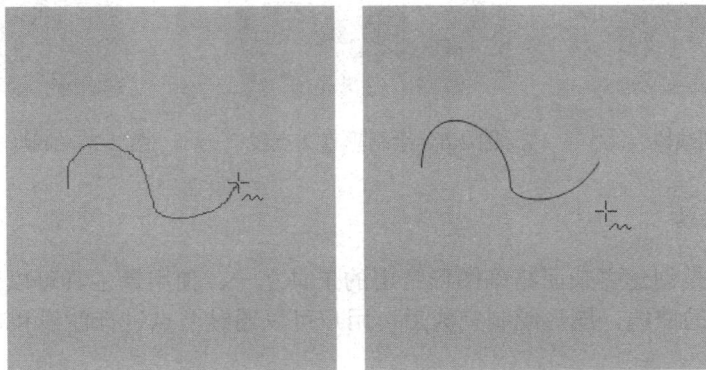

图 2-3　绘制曲线

2.1.2　2 点线工具

使用 2 点线工具可以绘制任意角度的直线段、垂直于图形的垂直线段及与图形相切的切线段。选择工具箱中的 2 点线工具，在属性栏中可以看到有 3 种绘图模式，单击相应的按钮即可进行模式切换，如图 2-4 所示。

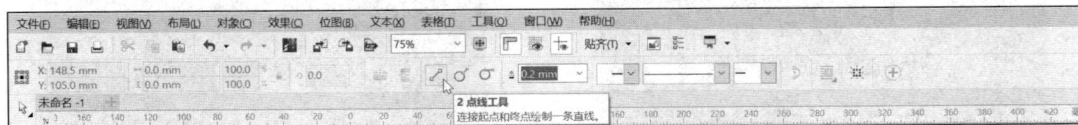

图 2-4　2 点线工具的属性栏

1）选择工具箱中的 2 点线工具后，确定属性栏中的绘图模式为 2 点线工具，在绘制线段的起始点处按住鼠标左键并拖动，确定线段的角度和长度后释放鼠标左键，起始点和终止点之间会形成一条线段，如图 2-5 所示。

2）选择工具箱中的 2 点线工具后，单击属性栏中的"垂直 2 点线"按钮，将鼠标指针移至已有直线上，单击对象的边缘，然后向外拖动鼠标，即可得到垂直于原有线段的直线段，如图 2-6 所示。

3）选择工具箱中的 2 点线工具后，单击属性栏中的"相切 2 点线"按钮，将鼠标指针移动到对象边缘处，按住鼠标左键并拖动到适当的位置后释放鼠标左键，即可绘制一条与对象相切的线段，如图 2-7 所示。

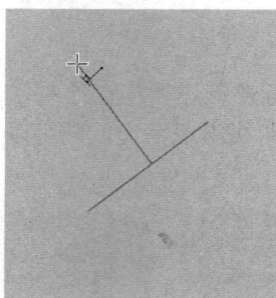

图 2-5　绘制线段　　　　图 2-6　绘制垂直 2 点线　　　图 2-7　绘制与对象相切的线段

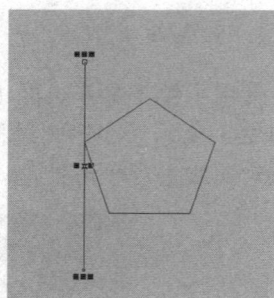

2.1.3　贝塞尔工具

贝塞尔工具是创建复杂而精确图形常用的工具之一，使用该工具可以创建非常精确的直线和对称流畅的曲线。图形绘制完成后，用户可以通过节点进行曲线和直线的修改。

1.　绘制直线

选择工具箱中的贝塞尔工具，鼠标指针变为十形状时，在绘图区中单击，确定起始点，移动鼠标指针至合适的位置并单击，即可绘制两点之间的直线，如图 2-8 所示。使用同样的方法继续绘制，形成一个闭合的图形，通过拖动控制柄调整所绘图形的形状和大小，如图 2-9 所示。选中图形，单击调色板中的色块可以为图形填充颜色，如图 2-10 所示。

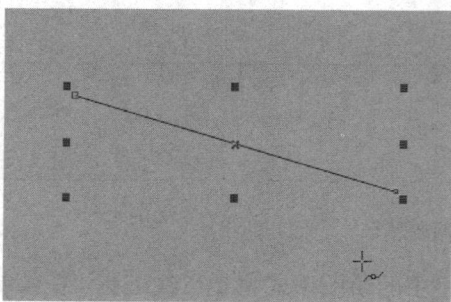

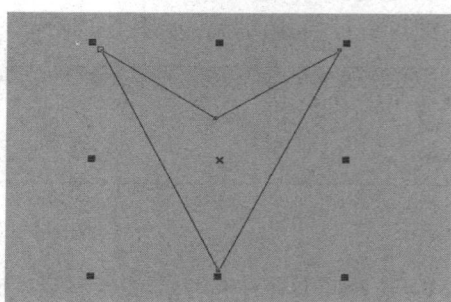

图 2-8　绘制直线　　　　　　　　　　图 2-9　绘制闭合的图形

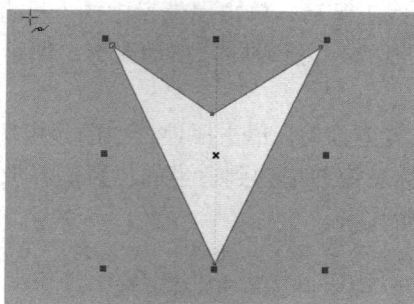

图 2-10　为闭合图形填充颜色

2. 绘制曲线

选定贝塞尔工具，在绘图区按住鼠标左键并拖动，确定绘制曲线的起始点，如图 2-11 所示。此时节点两端出现蓝色带箭头的控制线，控制线为所作曲线的切线，节点以蓝色方块显示，确定第一条控制线的角度以及位置后松开鼠标左键。移动鼠标指针至下一个位置，按住鼠标左键并拖动，调整曲线的形状至合适位置，按 Enter 键结束绘制，如图 2-12 所示。使用选择工具选中绘制的曲线，利用工具箱中的形状工具调整控制点的位置，以此来调整曲线的弧度和大小，如图 2-13 所示。

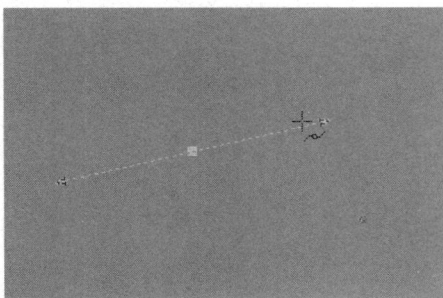

图 2-11　确定起始点　　　　　　　　　　　图 2-12　绘制曲线

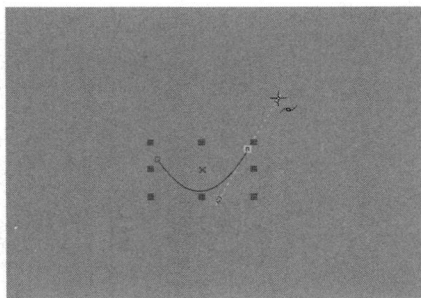

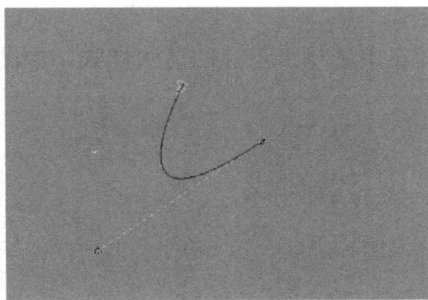

图 2-13　调节弧度

> **提示**
>
> 在使用贝塞尔工具绘制图形时，起始点和终止点一定要闭合形成封闭的图形，才可以快速上色，如果图形未闭合，那么就无法上色。

2.1.4　钢笔工具

钢笔工具和贝塞尔工具的使用方法相似，都是通过节点连接绘制直线或曲线的，是实际绘图操作中常用的工具之一。在工具箱中选择钢笔工具，其属性栏如图 2-14 所示。

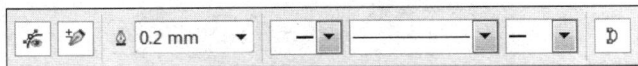

图 2-14　钢笔工具的属性栏

钢笔工具属性栏中各参数的含义介绍如下。

1）预览模式 ⬗：单击该按钮，在确定下一节点前自动生成一条预览当前绘制曲线形状效果的蓝线，否则不显示预览的蓝线。

2）自动添加或删除节点 ⬗：单击该按钮，将鼠标指针移至曲线上并单击，即可添加节点；若将鼠标指针移至节点上并单击，则可删除选中的节点。

3）轮廓宽度 ⬗ .2 mm ▾：用户可以在该文本框中输入相应的数值或在其下拉列表中选择所需轮廓的宽度值选项。设置轮廓宽度为 2mm，效果如图 2-15 所示。

4）起始箭头：单击该下拉按钮，在弹出的下拉列表中为起始点选择合适的箭头样式，如图 2-16 所示。

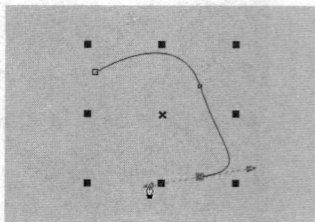

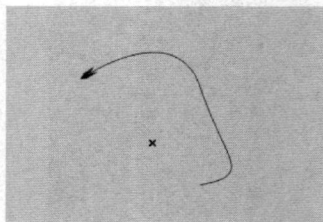

图 2-15　设置轮廓宽度为 2mm　　图 2-16　设置起始点的箭头样式

5）线条样式：设置线条或轮廓的样式，单击该下拉按钮，在弹出的下拉列表中选择合适的线条样式，如图 2-17 所示。

6）终止箭头：在下拉列表中选择终止点的箭头样式，如图 2-18 所示。

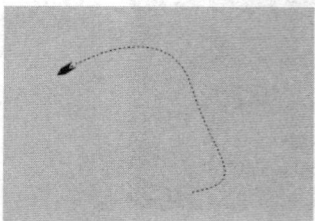

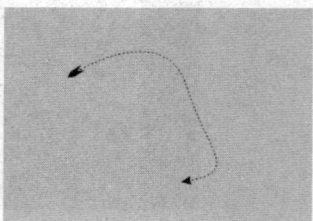

图 2-17　设置线条样式　　图 2-18　设置终止点的箭头样式

7）闭合曲线 ⬗：若想绘制闭合的曲线，则可单击该按钮，使用直线连接起始点和终止点，如图 2-19 所示。

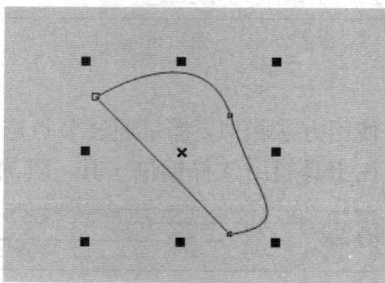

图 2-19　闭合曲线

打开 CorelDRAW X7，在工具箱中选择钢笔工具 ，鼠标指针变为钢笔头形状，将鼠标指针移至绘图区中单击确定起始点，然后移动鼠标指针至终止点位置单击，按 Enter 键结束绘制，即可绘制一条直线，如图 2-20（a）所示。若要绘制曲线，则可使用钢笔工具在绘图区单击确定起始点，然后将鼠标指针移至下一节点，按住鼠标左键并拖动控制线，调整曲线的弧度，按 Enter 键结束绘制，如图 2-20（b）所示。

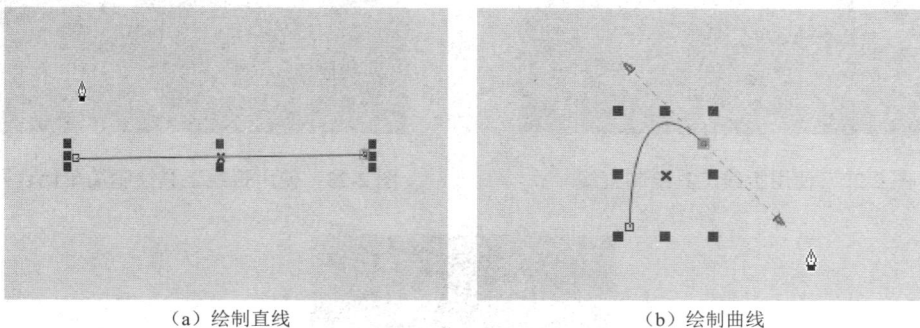

（a）绘制直线　　　　　　　　　　（b）绘制曲线

图 2-20　使用钢笔工具绘制直线、曲线

2.1.5　B 样条工具

B 样条工具 通过创建控制点的方式绘制曲线，3 个控制点之间形成的夹角影响曲线的弧度。选择工具箱中的 B 样条工具，将鼠标指针移至绘图区，单击创建第 1 个控制点，使用相同的方法创建其他控制点，创建第 3 个控制点时会出现弧线，双击或按 Enter 键结束绘制。通过调整四周控制点的位置，可以改变绘制图形的形状。在使用 B 样条工具绘制曲线时，若起始点和终止点重合，则曲线自动闭合，如图 2-21 所示。

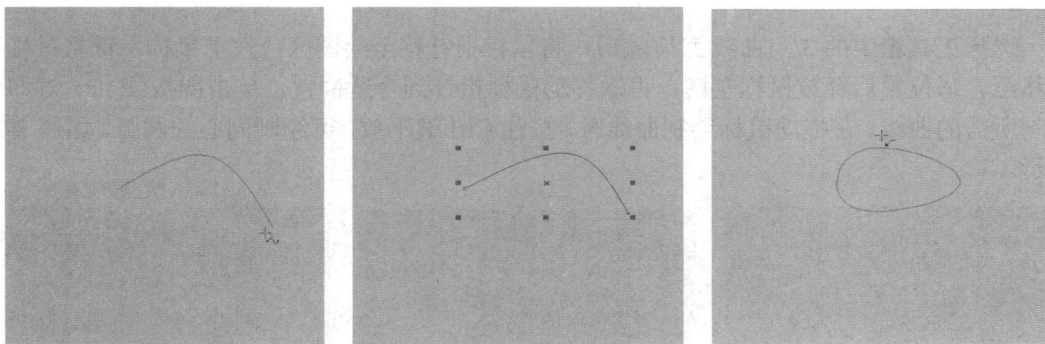

图 2-21　使用 B 样条工具绘制曲线

2.1.6　折线工具

使用折线工具 可以绘制折线，也可以手绘曲线。选择工具箱中的"折线"工具，在绘图区中单击确定起始点，移动鼠标指针至下一节点处单击，即可绘制线段。使用相同的方法，继续绘制所需的图形。折线工具和手绘工具一样，都可以手动绘制曲线，选择工具箱中的折线工具，在绘图区手动绘制曲线即可，如图 2-22～图 2-24 所示。

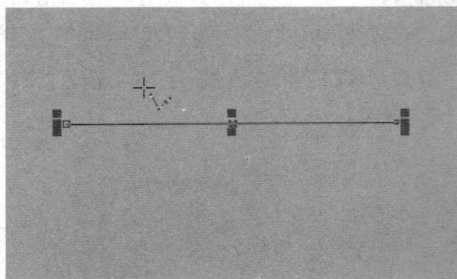

图 2-22　使用折线工具绘制直线

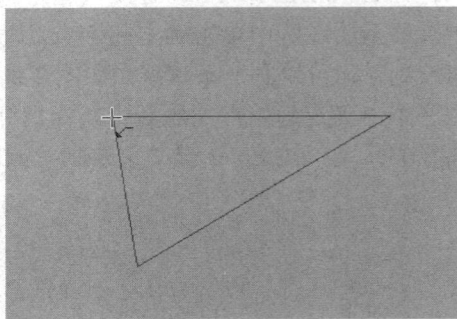

图 2-23　使用折线工具绘制简单闭合图形

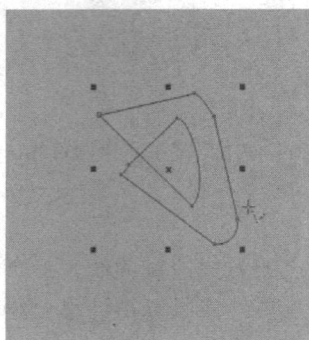

图 2-24　使用折线工具绘制复杂闭合曲线

2.1.7　3 点曲线工具

选择工具箱中的 3 点曲线工具，后，将鼠标指针移至绘图区，按下鼠标左键将鼠标指针移至合适位置后释放鼠标左键，再次移动鼠标指针到合适位置，单击或按 Enter 键即可绘制所需的曲线。在拖动鼠标绘制曲线时，按住 Ctrl 键不放，可绘制同心的圆弧，如图 2-25 所示。

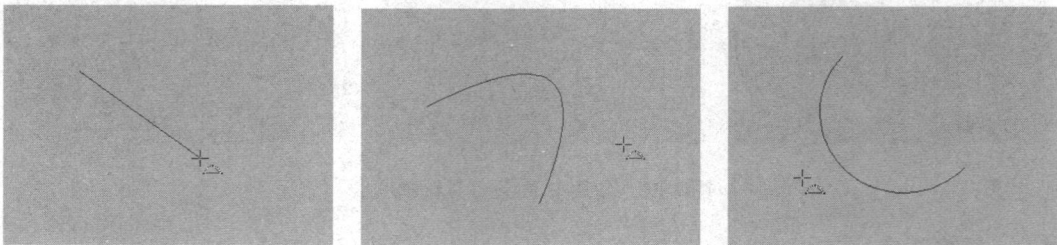

图 2-25　使用 3 点曲线工具绘制直线、曲线

2.1.8　智能绘图工具

智能绘图工具，可以修整用户手动绘制的不规则图形。选择工具箱中的智能绘图工具，将变为铅笔形状的鼠标指针移至绘图区，按住鼠标左键并拖动鼠标绘制图形，绘制完成后

释放鼠标左键，系统自动将绘制的线条换为基本形状或平滑的曲线，如图 2-26 所示。

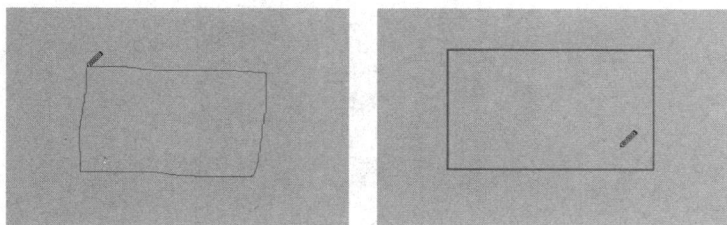

图 2-26　智能绘图

2.1.9　艺术笔工具

利用艺术笔工具 可以快速创建系统提供的图像或笔触效果，这些笔触可以模拟现实中的毛笔或钢笔笔触效果，还可以沿路径绘制出各种各样的图形。艺术笔工具的属性栏中提供了 5 种笔触模式，如图 2-27 所示。

图 2-27　艺术笔工具的属性栏

1. 预设模式

预设模式提供了多种的预设笔触，通过选择合适的预设笔触，用户可以轻松地绘制特殊的效果。在艺术笔工具属性栏中单击"预设"按钮，该属性栏变为预设属性栏。

预设属性栏中各参数的含义介绍如下。

1）预设笔触：单击该下拉按钮，在弹出的下拉列表中选择绘制线条和曲线的笔触。选择笔触后，在绘图区按住鼠标左键并拖动进行绘制，完成后释放鼠标左键，然后系统即可自动应用选择的笔触，如图 2-28 所示。

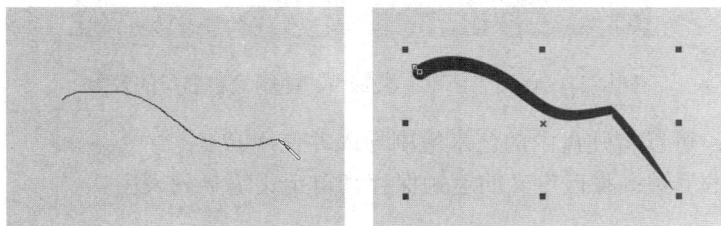

图 2-28　预设笔触

2）手绘平滑 ：在文本框中输入所需要的值，设置线条的平滑度。

3）笔触宽度 ：在文本框中输入所需要的值，设置笔触的宽度，值越大，笔舶越宽。在"笔触宽度"文本框中输入 3，按 Enter 键，效果如图 2-29 所示。

4）随对象一起缩放笔触 ：激活该按钮，缩放笔触时，线条的宽度会随着缩放而改变。

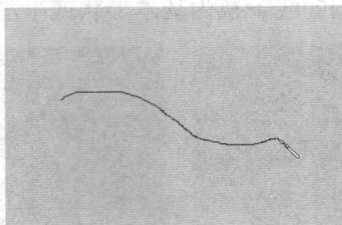

图 2-29　设置笔触宽度

2．笔刷模式

笔刷模式的艺术笔笔触用于模拟笔刷绘制的效果，在艺术笔工具属性栏中单击"笔刷"按钮，该属性栏变为笔刷属性栏，如图 2-30 所示。

图 2-30　笔刷属性栏

笔刷属性栏中各参数的含义介绍如下。

1）类别：设置艺术笔工具的类别，单击该下拉按钮，在弹出的下拉列表中包括"艺术""书法""对象""滚动""感觉的""飞溅""符号""底纹" 8 种类别选项。

2）笔刷笔触：在该下拉列表中选择所需的笔刷笔触，笔刷类别不同，笔刷笔触的样式也不同。图 2-31 所示为使用"艺术"类别中的笔刷笔触书写的效果。

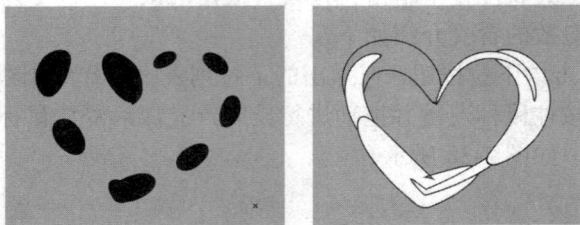

图 2-31　使用"艺术"类别中的笔刷笔触书写的效果

3）浏览 ▣：可以将硬盘中的艺术笔刷导入并使用。

4）保存艺术笔触：将自定义的笔触保存到自定义笔触列表中。

3．喷涂模式

喷涂模式是通过喷涂预设的图案来绘制路径描边的，其可供选择的图案非常多，用户可以在艺术笔工具属性栏中单击"喷涂"按钮，将该属性栏变为喷涂属性栏，如图 2-32 所示。

图 2-32　喷涂属性栏

喷涂属性栏中各参数的含义介绍如下。

1）类别：设置艺术笔工具的类别，单击该下拉按钮，在弹出的下拉列表中包括"笔刷笔触""食物""脚印""其他""马赛克""音乐""对象""植物""飞溅""星形"10 种类别。

2）喷射图样：在下拉列表中选择要应用的喷射图样，类别不同的喷射图样，其选项也不同。图 2-33 所示为使用笔触笔刷的彩虹糖果喷射图样绘制的图形。

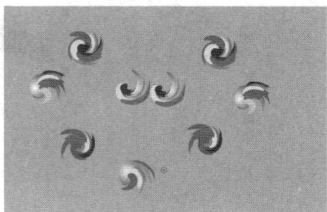

图 2-33　使用笔触笔刷的彩虹糖果喷射图样绘制的图形

3）喷涂列表选项 🖼：通过添加和删除或重新排列喷涂对象来编辑喷涂列表，单击该按钮，将打开"创建播放列表"对话框，如图 2-34 所示。

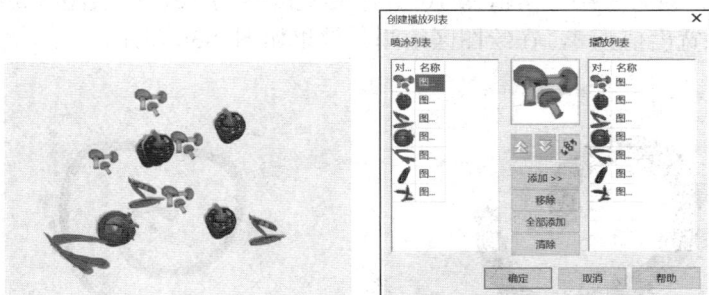

图 2-34　喷涂列表选项

4）喷涂对象大小：上方的文本框用于将喷射对象的大小调整为其原始大小的特定百分比；下方的文本框用于将每一个喷射对象的大小调整为前面对象大小的特定百分比。

5）递增按比例放缩：单击该按钮，激活喷涂对象大小的下方文本框，设置其百分比。

6）喷涂顺序：设置喷射对象沿笔触显示的顺序，包括"随机""顺序""按方向"3 种。

7）每个色块中的图像数和图像间距 📐：上方的文本框用于设置每个色块中的图像数；下方的文本框用于调整沿每个笔触长度的色块间的距离。

8）旋转 🔄：在旋转面板中设置喷涂对象的旋转角度。

9）偏移 🔄：在偏移面板中设置喷涂对象的偏移方向和距离。

> **提示**
>
> 当使用喷涂模式时，绘制出的艺术笔效果可以通过"打散"命令将其分成单独的小图形，作为设计作品时的小装饰使用。

4. 书法模式

书法模式是通过计算曲线的方向和笔头角度来更改笔触的粗细，从而模拟出书法效果的。在艺术笔工具属性栏中单击"书法"按钮，然后设置手绘平滑值为 40、笔触宽度值为

4、书法角度为 0，在绘图区绘画；设置手绘平滑值为 100、笔触宽度值为 10、书法角度值为 60，在绘图区绘画，效果如图 2-35 所示。

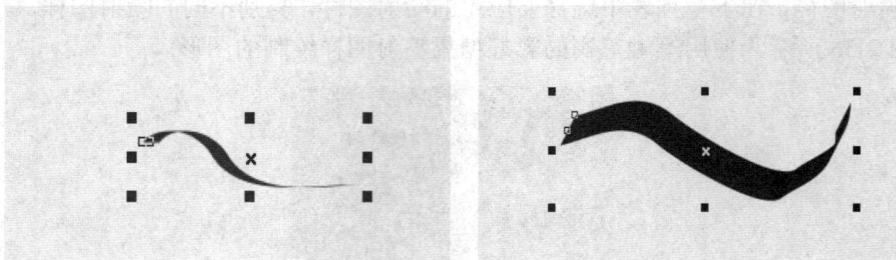

图 2-35　书法模式绘画效果

5. 压力模式

在压力模式下，可以模拟使用压感画笔的效果进行绘画。在艺术笔工具的属性栏中单击"压力"按钮，设置手绘平滑值为 100、笔触宽度值为 10，在绘图区绘画；设置手绘平滑值为 50、笔触宽度值为 3，在绘图区绘画，效果如图 2-36 所示。

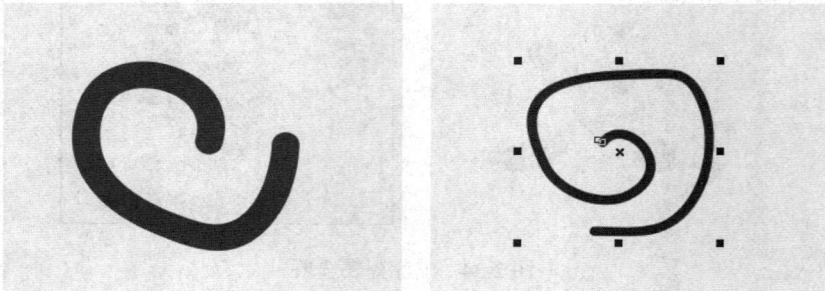

图 2-36　压力模式绘画效果

2.1.10　尺寸工具

使用尺寸工具 可以进行精准的绘图，对画面中的尺寸进行标注。度量工具包括平行度量工具、水平或垂直度量工具、角度量工具、线段度量工具和 3 点标注工具 5 种，下面将逐一介绍这几种尺寸工具。

1. 平行度量工具

平行度量工具可以度量出任何角度的两个节点之间的距离。在工具箱中选择平行度量工具，其属性栏如图 2-37 所示。

图 2-37　平行度量工具的属性栏

平行度量工具属性栏中各参数的含义介绍如下。

1）度量样式：设置度量线的样式，在其下拉列表中包括"十进制""小数""美国工程""美国建筑学"4 个选项。

2）度量精度：设置度量线测量的精确度。

3）度量单位：在下拉列表中选择度量线的测量单位。

4）显示单位：在度量线文本中显示测量单位。

5）前缀：设置度量线文本的前缀，在文本框中输入"高"，效果如图 2-38 所示。

6）后缀：设置度量线文本的后缀，在文本框中输入"宽"，效果如图 2-39 所示。

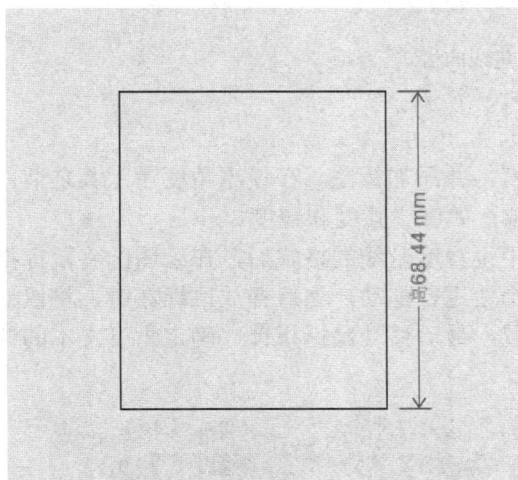

图 2-38　设置度量线文本的前缀

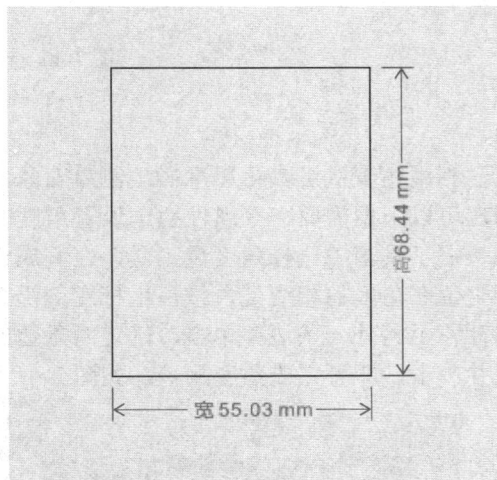

图 2-39　设置度量线文本的后缀

7）动态度量：当重新调整度量线长度时，自动更新度量线的测量。

8）文本位置：设置度量线文本的位置，单击该下拉按钮，在弹出的下拉列表中包括"尺度线上方的文本""尺度线中的文本""尺度线下方的文本""将延伸线间的文本居中"等选项。

9）延伸线选项：单击该按钮，在打开的面板中设置自定义度量线上的延伸线。

选择工具箱中的平行度量工具，在平行度量工具属性栏中设置线条的宽度、双箭头的标志及线条样式，将鼠标指针移至需要测量的起始点，按住鼠标左键并拖动至测量的终止点，然后释放鼠标左键。再移动鼠标指针，在测量线段外侧显示测量结果，并显示设置的度量线样式。

2. 水平或垂直度量工具

水平或垂直度量工具只能为对象测量水平或垂直角度上两个节点之间的距离，并添加标注，其测量方法和平行度量工具一样。在工具箱中选择水平或垂直度量工具，在其属性栏中设置度量线的格式，在绘图区选中测量的起始点，水平或垂直移动鼠标指针至终止点，然后释放鼠标左键即可完成测量，如图 2-40 所示。

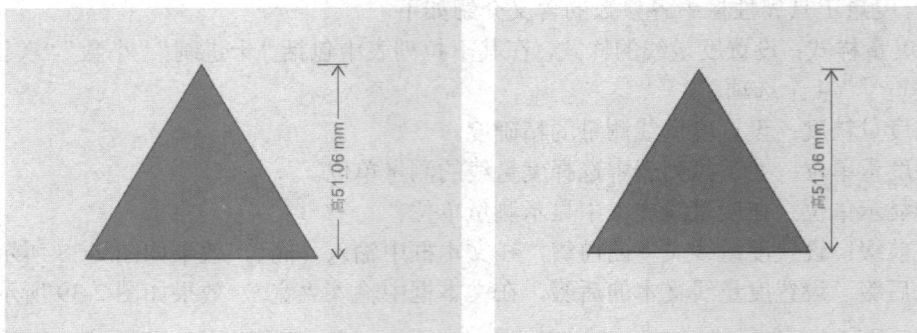

图 2-40　设置度量线的格式

3．角度量工具

利用角度量工具可以准确地测量对象的角度，并添加标注。在使用角度量工具之前，用户可以根据需要在其属性栏中设置角度的单位，如度、弧度和粒度。

在工具箱中选择角度量工具，在其属性栏中设置度量线的格式后，在绘图区将鼠标指针定位在角度的相交处，按住鼠标左键沿着一个边进行拖动，然后释放鼠标左键，将鼠标指针移至另外一条边并单击，确定两条边的位置，最后移动鼠标指针，确定角度文本的位置并单击，即可完成角度测量，如图 2-41 所示。

图 2-41　角度度量

4．线段度量工具

线段度量工具主要用于自动测量线段上起始点至终止点之间的距离，既可以测量单个线段长度，也可以测量连续线段中各段的距离。

在工具箱中选择线段度量工具，将鼠标指针移至需要测量的线段上并单击，向空白区域拖动，然后单击，即可测量单条线段的长度，如图 2-42 所示。在属性栏中激活"自动连续度量"按钮，按住鼠标左键并拖动选中线段上的所有节点，然后释放鼠标左键，移动鼠标指针至空白区域并单击，即可为连续线段中的各段添加长度标注，如图 2-43 所示。

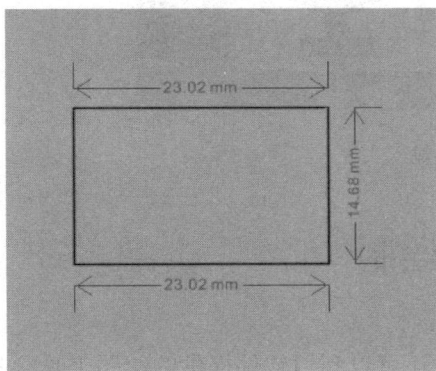

图 2-42　测量单个线段的长度

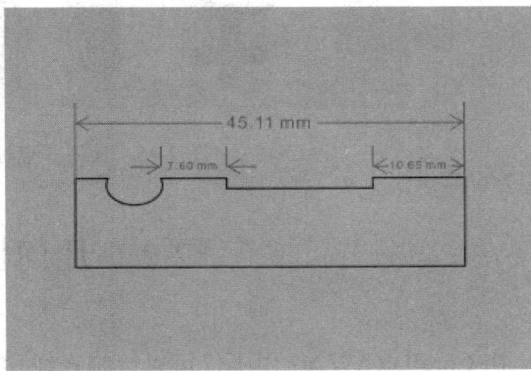

图 2-43　为连续线段中的各段添加长度标注

> **提示**
>
> 在使用尺寸工具时，如果得到的度量数字显示效果过大，那么可以通过单击文本工具设置合适大小的字体，改变数字的显示效果。

5．3 点标注工具

3 点标注工具用于为对象添加折线并标注文字。在工具箱中选择 3 点标注工具，其属性栏如图 2-44 所示。

图 2-44　3 点标注工具的属性栏

3 点标注工具属性栏中各参数的含义介绍如下。

1）标注形状：设置标注文本的形状，如方形、圆形、三角形等。

2）间隙：设置文本和标注形状之间的距离。

选择工具箱中的 3 点标注工具，将鼠标指针移至需要标注的对象上，按住鼠标左键并拖动至合适位置，释放鼠标左键确定第 2 点的位置，移动鼠标指针至合适位置并单击，确定文本输入的位置，此时鼠标指针右下角出现"字"文本，根据需要输入相关文字，然后选中文本并在属性栏中设置文本的格式，效果如图 2-45 所示。

图 2-45　使用 3 点标注工具输入文字

2.2　几何图形绘制

在 CorelDRAW X7 中不仅可以绘制直线和曲线，还可以利用软件提供的绘图工具绘制几何图形，如矩形、椭圆形、星形等。用户选择相应的几何图形绘制工具并在绘图区进行绘制，然后在属性栏中进行适当的调整，即可得到所需的图形。其操作比较简单，而且非常实用，在本节中我们将逐个介绍这些工具的使用方法。

2.2.1　矩形工具和 3 点矩形工具

在 CorelDRAW X7 软件的工具箱中，用户可以使用矩形工具和 3 点矩形工具绘制长方形、正方形及圆角矩形等图形。

1．矩形工具

使用矩形工具 ▭，可以通过拖动对角线来快速绘制矩形。选择工具箱中的矩形工具，将鼠标指针移至绘图区并按住鼠标左键向对角方向拖动，至合适位置后释放鼠标左键即可绘制出矩形。如果在绘图的同时按住 Ctrl 键，那么可以得到一个正方形，如图 2-46 所示。

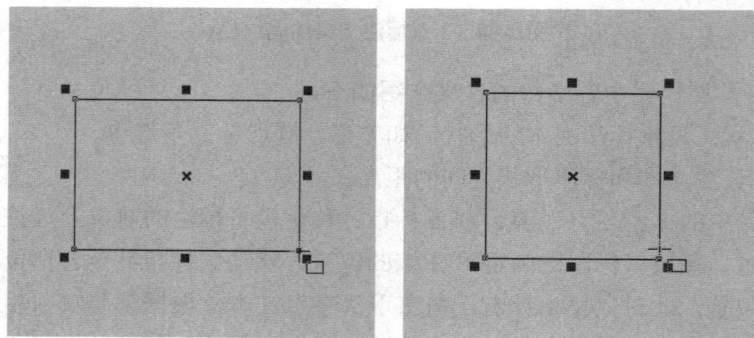

图 2-46　绘制长方形和正方形

矩形工具的属性栏如图 2-47 所示。

图 2-47 矩形工具的属性栏

矩形工具属性栏中各选项的含义介绍如下。

1）"圆角口"按钮⌐：单击该按钮后，通过设置转角半径值可以将直角转换为圆弧角，如图 2-48 所示。

2）"扇形角"按钮⌐：单击该按钮，可以将直角转换为与扇形相切的角，形成曲线角，如图 2-49 所示。

3）"倒棱角"按钮⌐：单击该按钮，可以将直角替换为直边，如图 2-50 所示。

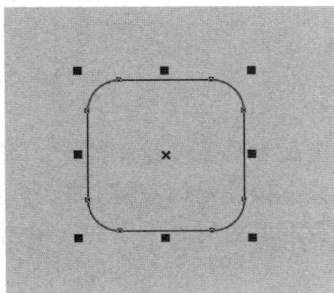
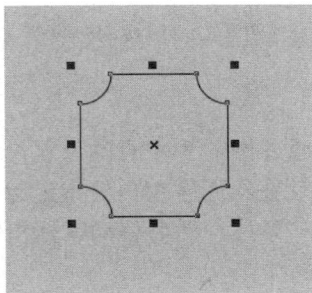
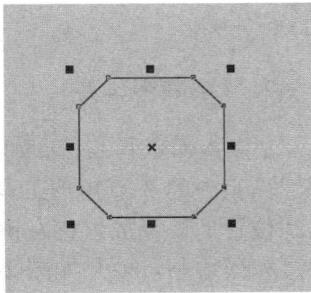

图 2-48　圆角口　　　　　　　图 2-49　扇形角　　　　　　　图 2-50　倒棱角

4）转角半径：在 4 个转角半径文本框中输入相应的值，可以分别设置 4 个边角样式的平滑度。

5）同时编辑所有角：激活该按钮，在 4 个转角半径文本框的任意一个文本框中输入数值，其他 3 个文本框中会自动设置相同的数值；若取消激活该按钮，则可分别设置转角的半径。例如，设置左上角的半径值为 20，右下角的半径值为 40，余下两个角的半径值都为 0，效果如图 2-51 所示。

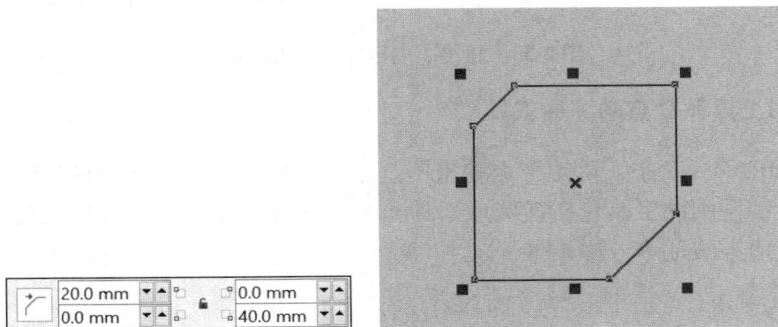

图 2-51　分别设置转角的半径

6）相对角缩放型：单击该按钮，当缩放图形时，转角半径会随之改变。

7）轮廓宽度：设置矩形边框的宽度，用户也可以根据需要设置轮廓宽度为无。

8）转换为曲线◇：未激活该按钮时，使用形状工具时可见 4 个方角上的变化；激活该按钮后，单击曲线可以进行添加节点和自由变换等操作，如图 2-52 所示。

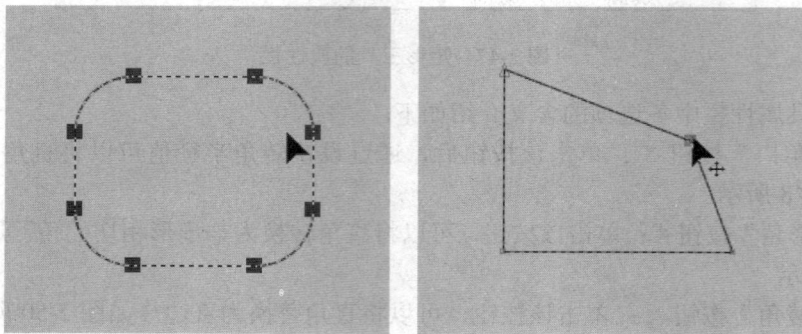

图 2-52　转换为曲线

2．3 点矩形工具

3 点矩形工具 □ 3 点矩形(3) 通过指定 3 个点的位置，以指定高度和宽度绘制矩形。选择工具箱中的 3 点矩形工具，然后在绘图区空白处指定起始位置。按住鼠标左键并拖动到合适位置后，释放鼠标左键确定一条边，然后移动鼠标指针确定矩形的另外一条边，单击即可完成绘制，效果如图 2-53 所示。

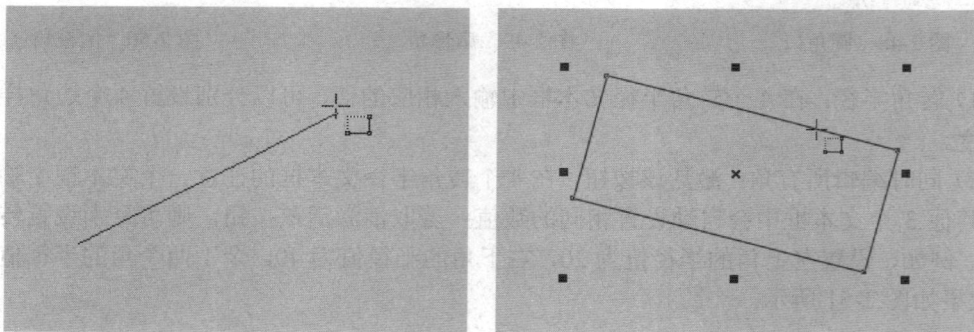

图 2-53　使用 3 点矩形工具绘制矩形

2.2.2　椭圆形工具和 3 点椭圆形工具

在 CorelDRAW X7 中，除矩形这种常用基本图形外，还有另外一种常用的基本图形，即椭圆形。绘制椭圆的工具包括椭圆形工具和 3 点椭圆形工具，这两种工具的使用方法和矩形工具的使用方法基本一样。

1．椭圆形工具

椭圆形工具 ○ 和矩形工具一样，是以斜角拖动的方法来绘制椭圆的。选择工具箱中的椭圆形工具，将鼠标指针移到绘图区中，按住鼠标左键以对角的方向进行拖动并预览圆弧大小，确定绘制后释放鼠标左键即可完成椭圆的绘制。在绘制椭圆时按住 Ctrl 键，即可绘制一个正圆，如图 2-54 所示。

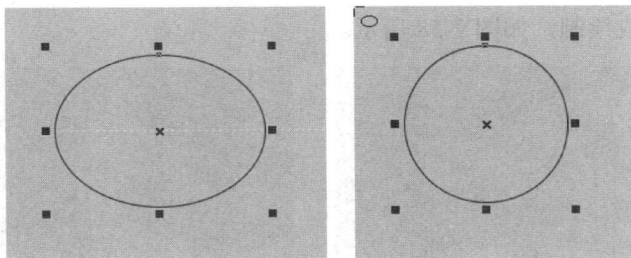

图 2-54　绘制椭圆与正圆

选择工具箱中的椭圆形工具，其属性栏如图 2-55 所示。

图 2-55　椭圆形工具的属性栏

椭圆形工具属性栏中各选项的含义介绍如下。

1）"椭圆形"按钮 ⬭：单击该按钮，在绘图区可以绘制椭圆。

2）"饼形"按钮 ⬭：单击该按钮，可以绘制饼图或将已有的椭圆变为饼图，如图 2-56 所示。

3）"弧"按钮 ⬭：单击该按钮，可以绘制圆弧或将已有的椭圆变为圆弧，如图 2-57 所示。

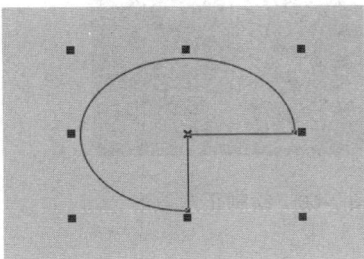

图 2-56　绘制饼图

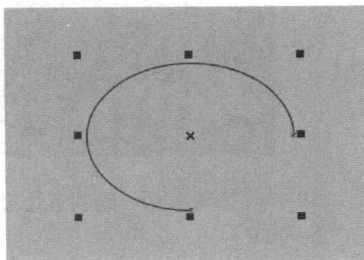

图 2-57　绘制圆弧

4）起始和结束角度：在绘制饼图和圆弧时，设置断开位置的起始角度和终止角度，范围为 0°～360°。例如，创建饼图时，可设置起始角度和终止角度值为 30°和 270°。

5）更改方向 ⬭：切换圆弧或饼图的方向为顺时针或逆时针，选择需要变换方向的图形，然后单击该按钮即可。

6）转换为曲线 ⬭：激活该按钮后，可以使用形状工具修改对象。绘制椭圆时，单击"转换为曲线"按钮，使用形状工具在椭圆上添加节点并拖曳，即可得到所需要的图形。

2．3 点椭圆形工具

3 点椭圆形工具 ⬭ 3 点椭圆形(3) 和 3 点矩形工具的绘图原理相同，都是通过 3 个点来确定图形的。3 点椭圆形工具是通过高度和直径长度来确定一个椭圆的。

在工具箱中选择 3 点椭圆形工具，将鼠标指针移至绘图区，确定第 1 点，按住鼠标左键并拖动，至第 2 点时释放鼠标左键，确定椭圆的宽度，移动鼠标指针并预览椭圆的形状，满意后单击即可完成绘制，如图 2-58 所示。

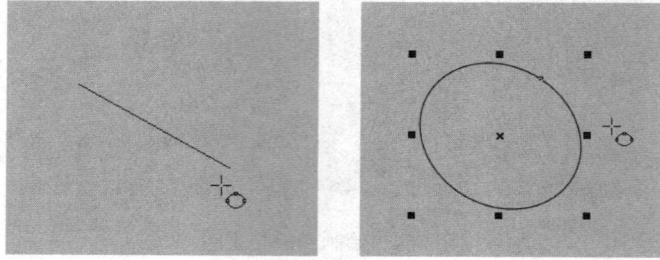

图 2-58　使用 3 点椭圆形工具绘制椭圆

2.2.3　多边形工具

多边形工具 ◎ 可以绘制 3 个或 3 个以上边的多边形，用户可以自定义边数。选择工具箱中的多边形工具，在绘图区按住鼠标左键并拖动，预览绘制效果后释放鼠标左键，确认绘图操作，如图 2-59 所示。选择工具箱中的多边形工具，在属性栏中的"点数或边数"文本框中输入 8，按住 Ctrl 键，在绘图区即可绘制一个正八边形，如图 2-60 所示。

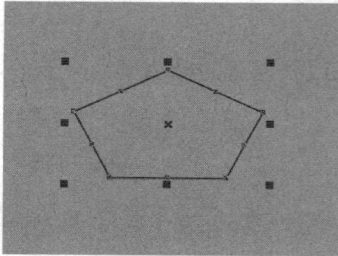

图 2-59　绘制五边形　　　　　　　图 2-60　绘制正八边形

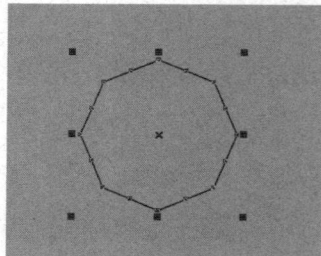

2.2.4　星形工具

选择工具箱中的星形工具 ☆ 星形(S)，在绘图区使用星形工具绘制规则的星形，按住鼠标左键并拖动，预览绘制效果后释放鼠标左键，如图 2-61 所示。若绘图的同时按住 Ctrl 键并以对角的方向进行拖动，预览绘制效果后释放鼠标左键，则可绘制正星形，如图 2-62 所示。

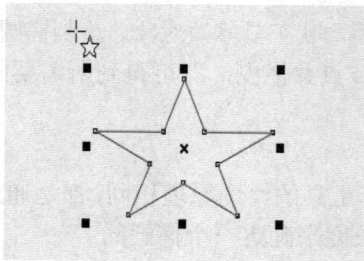

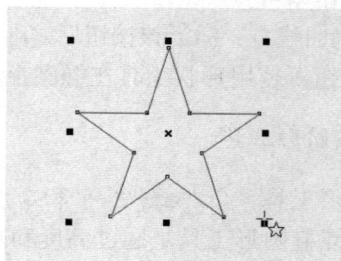

图 2-61　绘制星形　　　　　　　图 2-62　绘制正星形

选择工具箱中的星形工具，其工具属性栏（图 2-63）中各选项的含义介绍如下。

图 2-63 "星形"工具的属性栏

1）点数或边数：设置星形的点数，在该文本框中输入 8，绘制的星形如图 2-64 所示。

2）锐度：调整角的锐度，在文本框中可输入数值范围为 1～99。数值越小，角越钝；数值越大，角越锐。若输入数值为 1，则效果如图 2-65 所示；若输入数值为 99，则效果如图 2-66 所示。

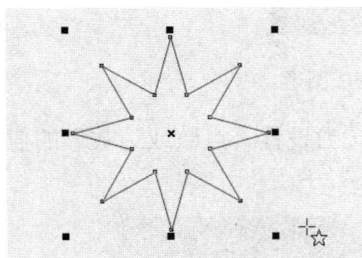 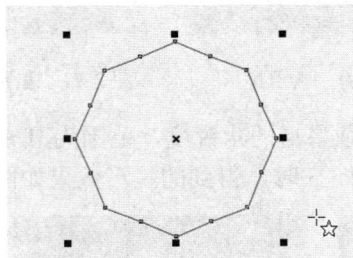 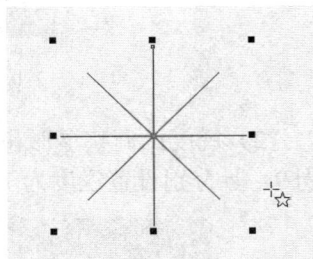

图 2-64　八角星　　　　　图 2-65　八边形　　　　　图 2-66　米字形

2.2.5　复杂星形工具

复杂星形工具 ✿ 复杂星形(C) 的绘图方法和星形工具的绘图方法一样。选择工具箱中的复杂星形工具，在绘图区按住鼠标左键以对角的方向进行拖动，预览绘制效果后释放鼠标左键，确认绘图操作，如图 2-67 所示。若绘图的同时按住 Ctrl 键，则可绘制正复杂星形，如图 2-68 所示。

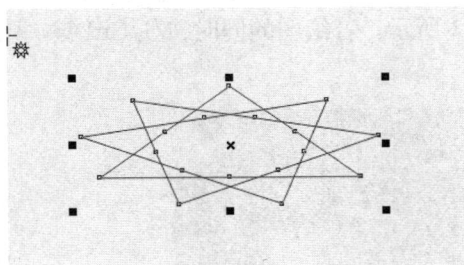 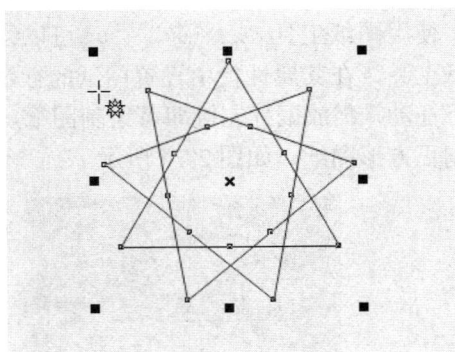

图 2-67　复杂星形　　　　　　　　　图 2-68　正复杂星形

选择工具箱中的复杂星形工具，其属性栏如图 2-69 所示。

图 2-69　复杂星形工具的属性栏

复杂星形工具属性栏中各选项的含义介绍如下。

1）点数或边数：数值范围为 5～500，数值越大，星形的边越平滑。当"点数或边数"的值为 6 时，效果如图 2-70 所示；当"点数或边数"值为 500 时，星形变成圆形，效果如图 2-71 所示。

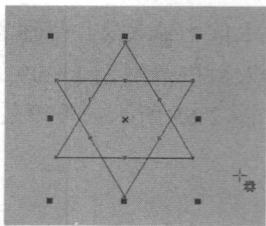
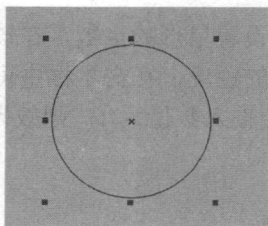

图 2-70　六角星形　　　　　图 2-71　星形变成圆形

2）锐度：调整星形和复杂星形的角锐度，范围为 1～3。当设置"点数或边数"的值为 9，且分别设置锐度为 1、2、3 时，得到的星形效果如图 2-72 所示。

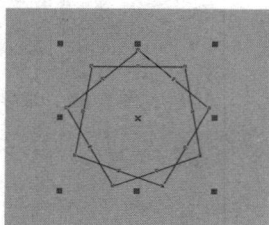
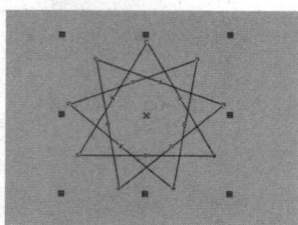
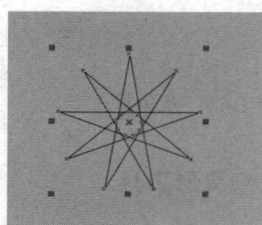

（a）锐度为 1　　　　　　（b）锐度为 2　　　　　　（c）锐度为 3

图 2-72　不同锐度的图形

2.2.6　图纸工具

使用图纸工具 🔲 图纸(G)　　D 可以绘制不同行数和列数的网格对象。选择工具箱中的图纸工具，在其属性栏中设置图纸的行数和列数，在绘图区按住鼠标左键并以对角的方向进行拖动，释放鼠标左键即可绘制图纸，如图 2-73 所示。若绘图的同时按住 Ctrl 键，则可绘制正方形图纸，如图 2-74 所示。

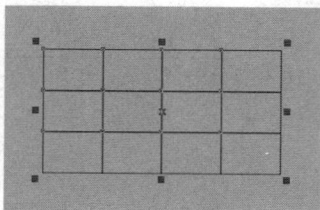
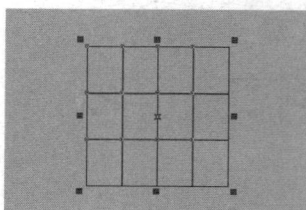

图 2-73　使用图纸工具绘制图纸　　　图 2-74　使用图纸工具绘制正方形图纸

2.2.7　螺纹工具

使用螺纹工具 ◎ 螺纹(S)　　A 可以绘制螺纹图形，选择工具箱中的螺纹工具，在其属性栏中设置螺纹回圈数量，在绘图区按住鼠标左键并进行拖动执行绘图操作，然后释放鼠标左键即可完成绘制，如图 2-75 所示。若绘图的同时按住 Ctrl 键，则可绘制一个正圆形的螺纹，如图 2-76 所示。

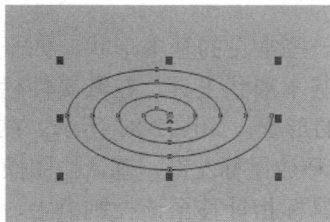

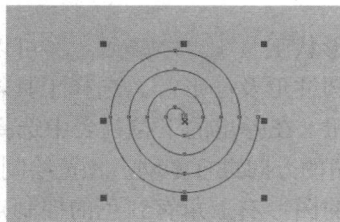

图 2-75　螺纹图形　　　　　　　　图 2-76　正圆形的螺纹

选择工具箱中的螺纹工具，其属性栏如图 2-77 所示。

图 2-77　螺纹工具的属性栏

螺纹工具属性栏中各选项的含义介绍如下。

1）螺纹回圈：设置新螺纹对象显示完整的圆形回圈，取值范围为 1～100。设置"螺纹回圈"值为 1 和 10 时，效果如图 2-78 所示。

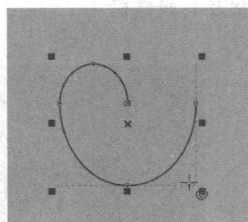

（a）螺纹回圈值为 1　　　　　（b）螺纹回圈值为 10

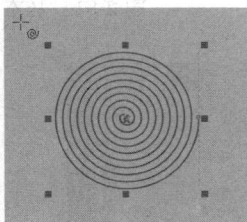

图 2-78　螺纹回圈

2）对称式螺纹：单击该按钮后，螺纹的回圈间距是均匀的，如图 2-79 所示。

3）对数螺纹：单击该按钮，将对新的螺纹对象应用紧密的回圈间距，如图 2-80 所示。

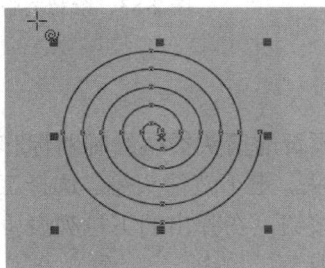

图 2-79　对称式螺纹　　　　　　　　图 2-80　对数螺纹

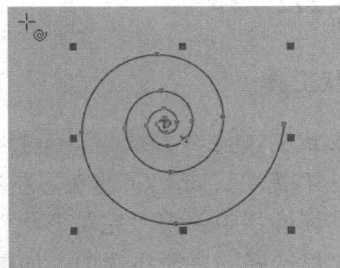

4）螺纹扩展参数：在文本框中设置对数螺纹向外扩展的速率，最小值为 1，表示均匀显示；最大值为 100，表示间距内圈最小、外圈最大。

2.2.8　基本形状工具

使用基本形状工具 ⚏ 基本形状(B) 可以绘制一些常见的基本形状，如平行四边形、梯形、三角形、圆柱形及心形等。选择工具箱中的基本形状工具，在其属性栏中单击"完美形状"下拉按钮，在弹出的下拉列表中选择所需的形状，如图 2-81 所示。在绘图区按住鼠标左键并以对角的方向进行拖动，预览绘制效果后释放鼠标左键，确认绘图操作，如图 2-82 所示。在绘制的图形右上角有红色的控制点，将鼠标指针移至该控制点上，待鼠标指针变为三角箭头标志时，按住鼠标左键向形状内部拖动，即可调整图形的形状，如图 2-83 所示。

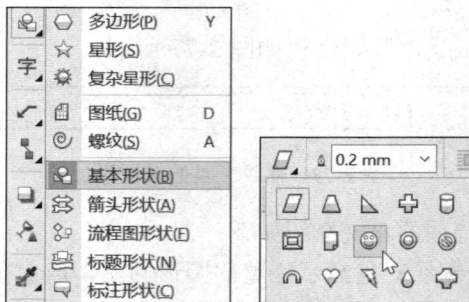

图 2-81　基本形状及其属性栏

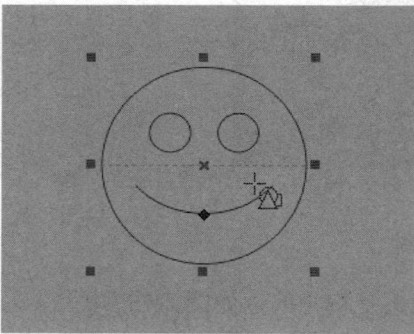

图 2-82　绘制笑脸

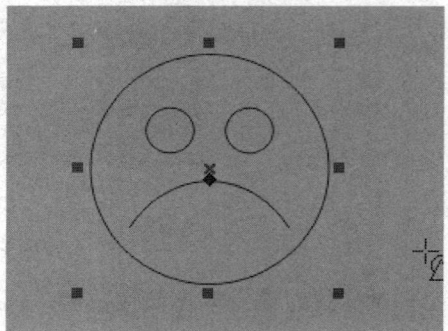

图 2-83　绘制哭脸

2.2.9　箭头形状工具

使用箭头形状工具 ⚐ 箭头形状(A) 可以利用预设的箭头类型绘制路标和不同的方向导引图形，如向左/右箭头、向上/下箭头、左右双箭头、上下双箭头等。选择工具箱中的箭头形状工具，在其属性栏中单击"完美形状"下拉按钮，在弹出的下拉列表中可以看到可选的形状选项，这里选择向右箭头选项，如图 2-84 所示。

在绘图区按住鼠标左键并拖动，可绘制箭头形状，然后释放鼠标左键，确认绘图操作。在绘图的同时按住 Ctrl 键，可以绘制正箭头形状，如图 2-85 所示。

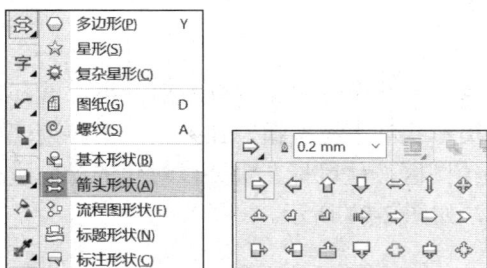

图 2-84　箭头形状及其属性栏

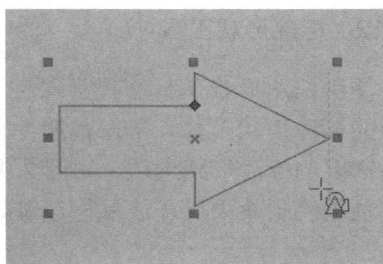

图 2-85　绘制正箭头形状

2.2.10　流程图形状工具

使用流程图形状工具 [图标] 流程图形状(F)　可以快速绘制预设的流程图形状。选择工具箱中的流程图形状工具，单击其属性栏中的"完美形状"下拉按钮，在弹出的下拉列表中可选择所需的形状选项，如图 2-86 所示。在绘制区按住鼠标左键并以对角线的方向进行拖动，预览绘制效果后释放鼠标左键，完成绘制，如图 2-87 所示。

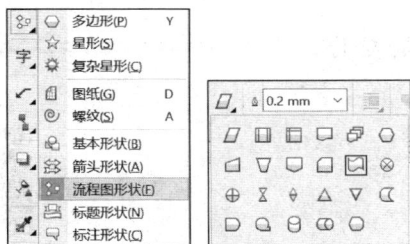

图 2-86　流程图形状及其属性栏

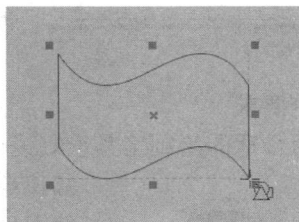

图 2-87　绘制流程图

2.2.11　标题形状工具

使用标题形状工具 [图标] 标题形状(N)　可以快速绘制标题栏和旗帜标语的效果。选择工具箱中的标题形状工具，单击其属性栏中的"完美形状"下拉按钮，在弹出的下拉列表中可选择所需的形状选项，如图 2-88 所示。在绘图区按住鼠标左键并以对角的方向进行拖动，预览绘制效果后释放鼠标左键，完成绘制，如图 2-89 所示。

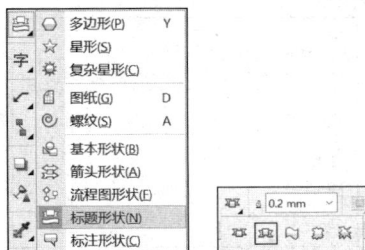

图 2-88　标题形状及其属性栏

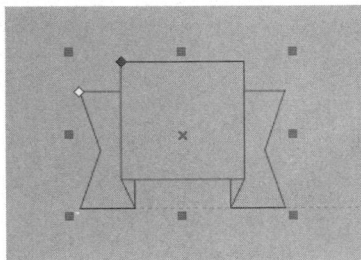

图 2-89　绘制标题形状

2.2.12　标注形状工具

使用标注形状工具 ▭ 标注形状(C) 可以快速绘制补充说明文本框或对话框。选择工具箱中的标注形状工具，单击其属性栏中的"完美形状"下拉按钮，在弹出的下拉列表中可选择需要的标注形状选项，如图 2-90 所示。在绘图区按住鼠标左键并以对角的方向进行拖动，预览绘制效果后释放鼠标左键，完成绘制，如图 2-91 所示。

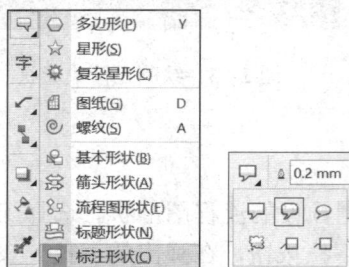

图 2-90　标注形状及其属性栏

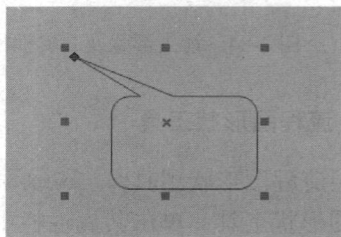

图 2-91　绘制标注形状

━━━━━━━━━━　**课堂案例 1：绘制爱心**　━━━━━━━━━━

案例要求

使用合适的绘制工具绘制爱心，如图 2-92 所示。

知识点拨

使用贝塞尔工具绘制爱心。

实现步骤

步骤 1：创建一个新的文档。选择"文件"→"新建"选项，在打开的"创建新文档"对话框中设置所需的参数，然后单击"确定"按钮。

图 2-92　爱心形状

绘制爱心

步骤 2：选择工具箱中的贝塞尔工具，在绘图区使用直线画出大致轮廓，如图 2-93 所示。

步骤 3：选择工具箱中的形状工具，将绘制的图形全部选中，然后单击属性栏中的"转换为曲线"按钮，如图 2-94～图 2-96 所示。

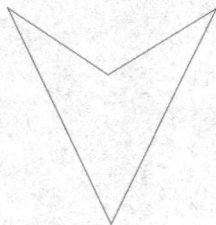

图 2-93　使用贝塞尔工具绘制大致轮廓

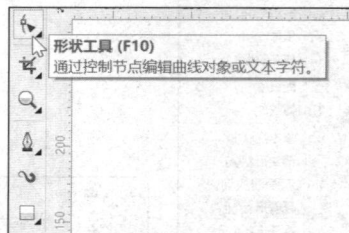

图 2-94　形状工具

图 2-95　选中锚点

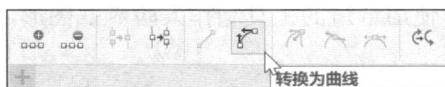

图 2-96　单击"转换为曲线"按钮

步骤 4：继续使用形状工具对图形进行调整，调整出一定的弧度，如图 2-97 所示。

步骤 5：使用形状工具双击删除多余的锚点，完成爱心形状的绘制，如图 2-98 所示。

图 2-97　调节曲线弧度

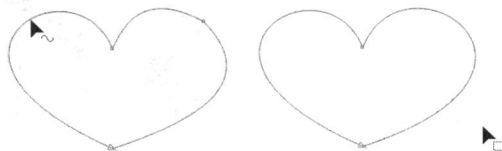

图 2-98　去掉多余锚点

步骤 6：为爱心填充红色，然后右击色块去掉边线或在属性栏中选择"轮廓宽度"下拉列表中的"无"选项去掉边线。至此，爱心制作完成，如图 2-99 所示。

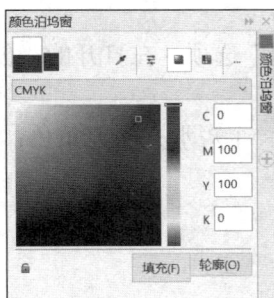

（a）右击色块去掉边线

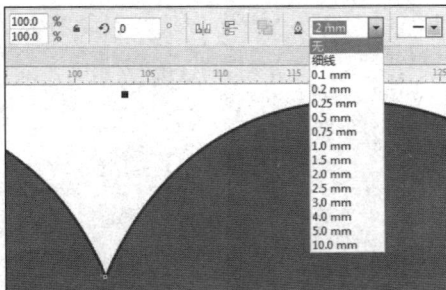

（b）选择"无"选项去掉边线

图 2-99　填充颜色并去掉边线

━━━ 课堂案例 2：绘制人脸蝴蝶图形 ━━━

案例要求

使用合适的工具制作人脸蝴蝶图形，如图 2-100 所示。

图 2-100　人脸蝴蝶图形

绘制人脸蝴蝶图形

知识点拨

使用贝塞尔工具绘制图 2-100 所示的人脸蝴蝶图形，然后复制并翻转，使用艺术笔工具的喷涂效果为人脸蝴蝶图形添加装饰效果。

实现步骤

步骤 1：创建一个新的文档。选择"文件"→"新建"选项，在打开的"创建新文档"对话框中设置所需的参数，然后单击"确定"按钮即可。

步骤 2：选择工具箱中的矩形工具，在绘图区绘制一个矩形并填充黄色，如图 2-101 所示。

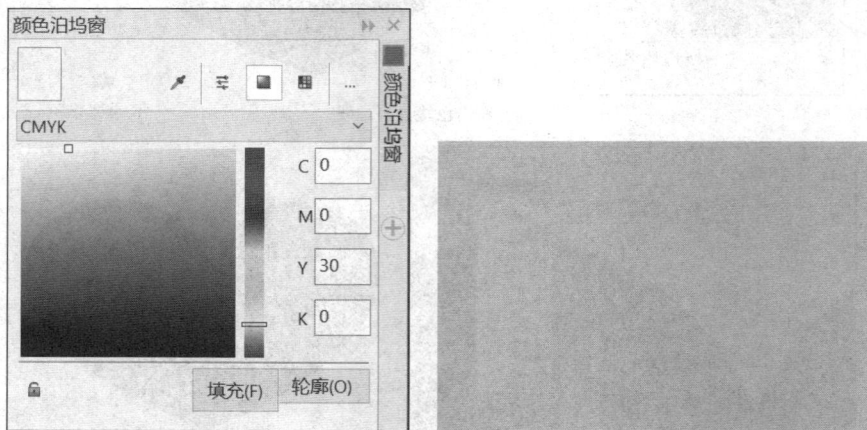

图 2-101　为矩形填充颜色

步骤 3：选择工具箱中的贝塞尔工具，先使用直线绘制出半边蝴蝶的大致轮廓，如图 2-102 所示。

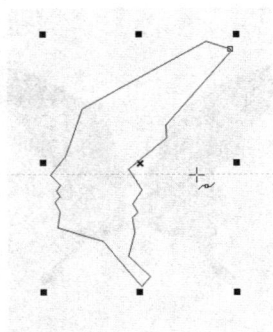

图 2-102　绘制蝴蝶的大致轮廓

步骤 4：选择工具箱中的形状工具，框选刚刚绘制好的轮廓图，单击属性栏中的"转换为曲线"按钮，逐一调整每个节点和线段。若需要添加或删除节点，则直接在线段上双击即可，如图 2-103 所示。

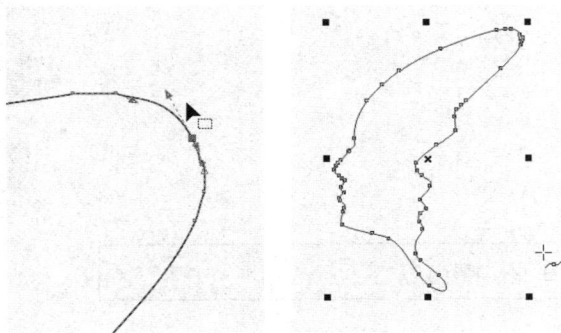

图 2-103　将直线转换为曲线并调整曲线

步骤 5：对绘制并调整好的半边蝴蝶造型进行复制，然后单击属性栏中的"水平镜像"按钮 使复制的图形翻转，按住 Ctrl 键并拖动鼠标，将复制的图形水平平移到合适位置，如图 2-104 所示。

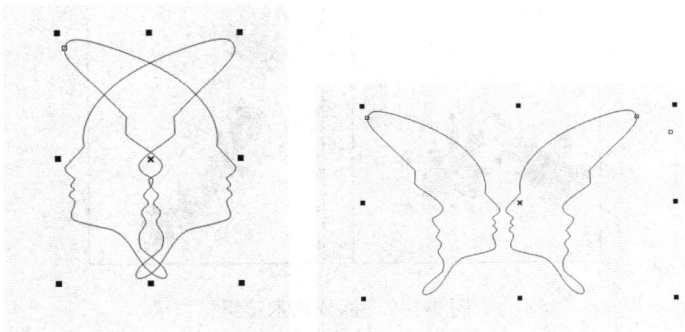

图 2-104　复制半边蝴蝶并水平镜像翻转

步骤 6：为绘制的蝴蝶造型填充墨绿色，并去掉边线，如图 2-105 所示。

图 2-105　填充墨绿色并去掉边线

步骤 7：选择工具箱中的艺术笔工具 ，选择植物喷涂，并设置喷涂大小为 70，在绘图区喷涂选择的植物，如图 2-106 所示。

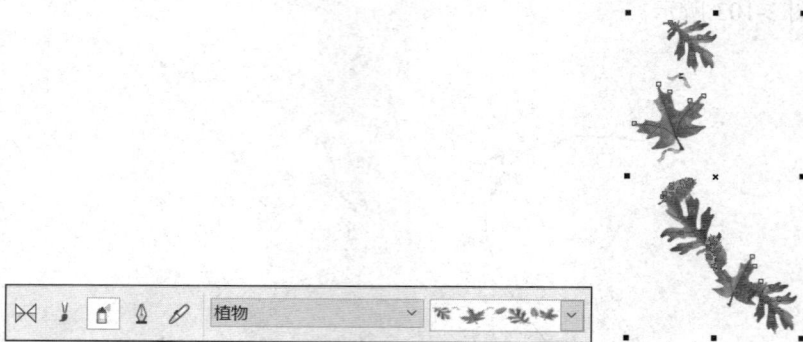

图 2-106　喷涂植物

步骤 8：选择"对象"→"拆分艺术笔组"选项，使画笔图案和线分离，然后取消组合对象，如图 2-107 所示。

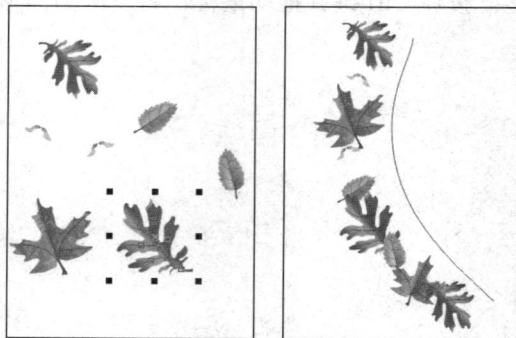

图 2-107　拆分艺术笔组

步骤 9：将分离的树叶放在绘制完成的蝴蝶上，然后群组对象，至此，图形绘制完成，如图 2-100 所示。

3 单元

对象的基本操作

单元导读

　　CorelDRAW X7 提供了丰富的对象处理功能,利用这些功能可以完成矢量图形的造型与编辑。CorelDRAW X7 还提供了造型工具和图框精确剪裁工具,利用这些工具可以快速得到各类新的图形。

学习目标

　　通过本单元的学习,应熟练掌握 CorelDRAW X7 中图形对象的操作,如选择对象、变换对象、控制对象、对齐与分布对象,以及造型工具、图框精确剪裁工具的使用方法。

思政目标

　　1. 培养一丝不苟的工作态度和善于应用工具解决实际问题的能力。
　　2. 培养勇于奉献、精诚合作、交洽无嫌的团队精神。

3.1 图形对象操作

在平面作品的设计制作过程中，需要使用大量的图形对象，因此熟练掌握图形对象的操作方法很重要。

本节主要介绍图形对象的选择、移动、复制、变换、控制、对齐与分布等操作。

3.1.1 选择对象

在对文本或图形对象进行操作前，要先选中对象，如选择单个对象、多个对象等，本节将介绍选择对象的常用方法。

1. 选择单个对象

选择工具箱中的选择工具，将鼠标指针移至需要选择的对象上，单击即可选择该对象，被选中的对象四周将出现 8 个黑色的控制点。

2. 选择多个对象

选择多个对象的方法有多种，下面介绍两种常用的方法。

1）选择工具箱中的选择工具，将鼠标指针移到空白处，按住鼠标左键并拖动，将出现由虚线围成的矩形，如图 3-1 所示，拖动出合适的矩形后松开鼠标左键，矩形框内的对象都会被选中，如图 3-2 所示。

2）选择工具箱中的选择工具，按住 Shift 键的同时依次单击圆形、矩形和五边形对象即可将它们全部选中，如图 3-3 所示。

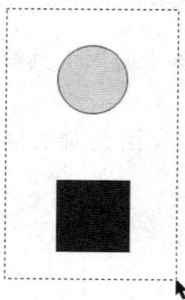

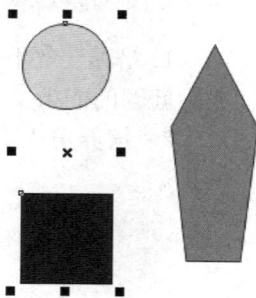

图 3-1 选择图形　　　图 3-2 选中图形　　　图 3-3 选中多个图形

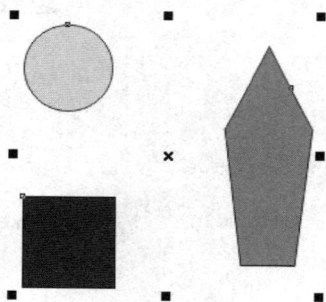

3.1.2 移动对象

若要移动对象，则可选择"对象"→"变换"→"位置"选项，打开"变换"对话框（图 3-4），可以在位置参数中精确设定对象的位置。

图 3-4　"变换"对话框

如果在"变换"控制面板中设置的"副本"数量大于 0 个,同时选中"相对位置"复选框下的任意一个按钮,那么单击"应用"按钮后将会对对象进行复制。例如,设置"副本"数量为 4、水平值为 30、垂直值为 10,然后单击"应用"按钮,结果如图 3-5 所示。也可以选中"相对位置"复选框下的任意按钮进行任意角度复制。

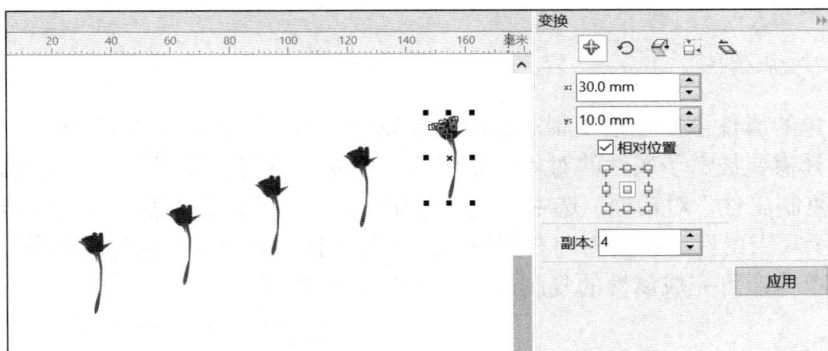

图 3-5　任意角度复制

3.1.3　复制对象

用户既可以选中对象并执行复制操作,复制出与所选对象完全一样的对象,也可以根据需要只复制对象的属性。本节将详细介绍这两种复制操作。

1. 复制对象本身

通常意义上的复制就是指复制对象本身,下面介绍几种常用的复制对象本身的方法。

1)使用工具箱中的选择工具选择需要复制的对象,如图 3-6 所示。先选择"编辑"→"复制"选项,然后选择"编辑"→"粘贴"选项,即可在原始对象上覆盖复制的对象。使用选择工具选择并拖动复制的对象至合适位置后,松开鼠标左键即可将所复制对象成功复制到该位置,如图 3-7 所示。

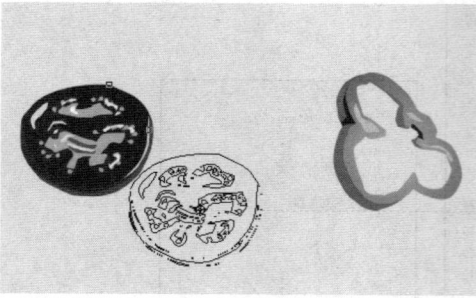

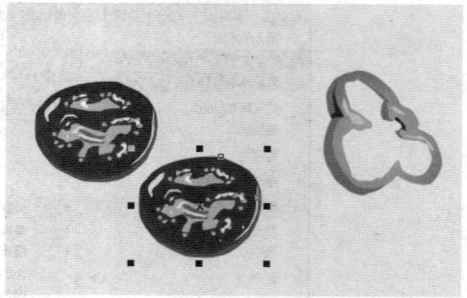

图 3-6　选择复制的对象　　　　　　　　　　　　图 3-7　复制对象

2）使用选择工具选择对象，然后右击，在弹出的快捷菜单中选择"复制"选项，在空白处再次右击，在弹出的快捷菜单中选择"粘贴"选项，也可以完成复制操作。

3）选择需要复制的对象，按 Ctrl+C 组合键复制选中的对象，然后按 Ctrl+V 组合键执行粘贴操作，可以在原位置上复制出一个相同的对象。

4）选择需要复制的对象，然后按住 Ctrl 键，同时按下数字键盘上的"+"号键，可以快速复制对象。

2．复制对象属性

复制对象的属性主要包括复制对象的轮廓属性、填充属性及文本属性等。首先，使用选择工具选择需要被赋予属性的对象，如图 3-8 所示。选择"编辑"→"复制属性自"选项，打开"复制属性"对话框，选中要复制的属性对应的复选框，然后单击"确定"按钮，如图 3-9 所示。当鼠标指针变为向右的黑色箭头时，移动到要复制属性的对象（图 3-10 中的圆形）上单击即可完成属性的复制操作，如图 3-10 所示。

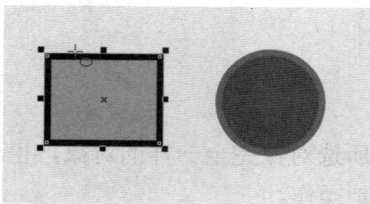

图 3-8　选择需要被赋予属性的对象

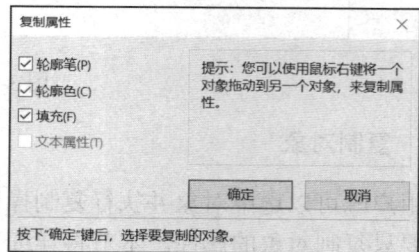

图 3-9　"复制属性"复选框

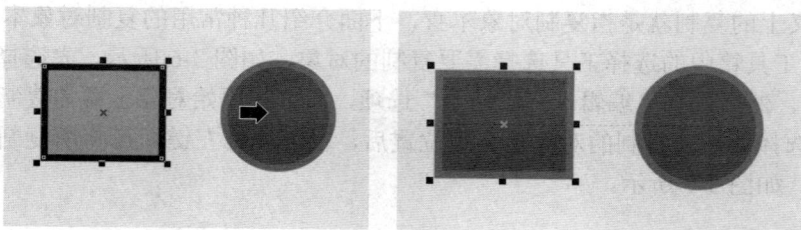

图 3-10　完成属性复制操作后的效果

"复制属性"对话框中各复选框的含义如下。

1)"轮廓笔"复选框：复制轮廓线的宽度和样式。

2)"轮廓色"复选框：复制轮廓线的颜色属性。

3)"填充"复选框：复制对象填充的颜色和样式。

> **提示**
> "复制属性自"命令只针对 CDR 文件，一般的位图图片无法使用此命令。

3.1.4 变换对象

使用变换操作可以使图形对象更灵活生动，从而展现出特殊效果。对象的变换操作包括旋转对象、缩放对象及镜像对象等。

1. 旋转对象

旋转对象通常以对象的中心点逆时针或顺时针执行旋转操作，下面介绍 3 种常用的旋转对象的方法。

1)选中对象并双击，在对象四周将出现旋转的箭头，将鼠标指针移至对象的控制点上，按住鼠标左键并进行拖动即可实现对象的旋转操作，如图 3-11 所示。对象旋转的中心点如图 3-12 所示。

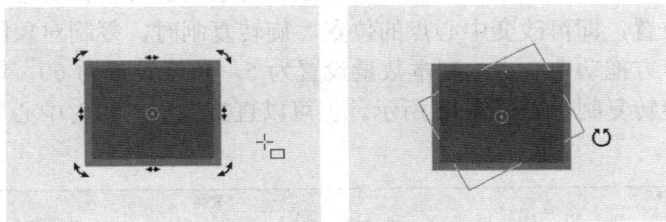

图 3-11　旋转对象

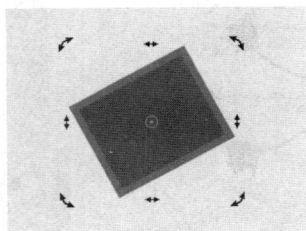

图 3-12　对象旋转的中心点

2)选择对象，然后在属性栏相应文本框中输入旋转角度，即可对对象进行旋转操作，如图 3-13 所示。

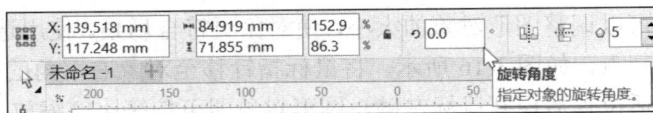

图 3-13　设置旋转角度

3）选择"对象"→"变换"→"旋转"选项，如图 3-14 所示，打开"变换"对话框，可以在角度设置文本框中精确设置旋转角度。

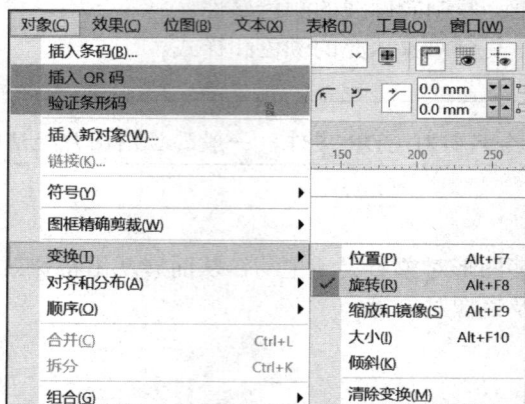

图 3-14　选择"旋转"选项

如果在"变换"对话框中设置的"副本"数大于 0 个，同时选中"相对中心"复选框下的任意一个按钮，那么单击"应用"按钮会对对象进行旋转复制。

对象中心点默认处于对象中心，双击对象进入对象的旋转编辑状态，按住鼠标左键拖动中心点到任意位置，即可改变中心点的位置。旋转复制时，复制对象围绕中心点进行复制。例如，向左下方拖动中心点，副本数量设置为 5，角度设置为 60，单击"应用"按钮可以对对象进行旋转复制，如图 3-15 所示。也可以直接选中"相对中心"复选框下的任意按钮进行复制。

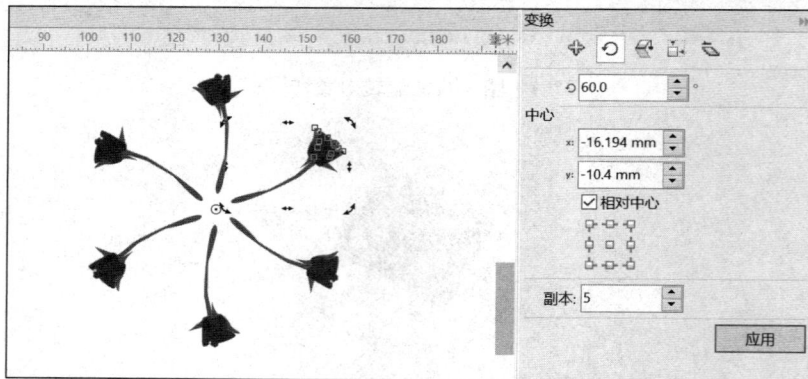

图 3-15　设置旋转角度和数量

2．缩放对象

缩放对象操作可以调整图形对象的大小，使对象更符合场景。使用选择工具选择对象，对象四周将出现控制点，如图 3-16 所示。将鼠标指针移至对象右下角的控制点上，按住鼠标左键并拖动至合适位置后松开鼠标左键，图形对象即可按等比例缩放，如图 3-17 所示。

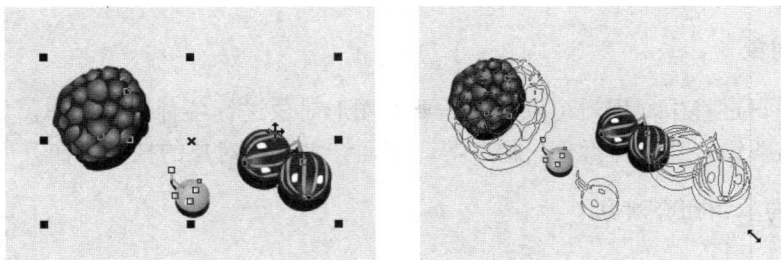

图 3-16　选择缩放对象

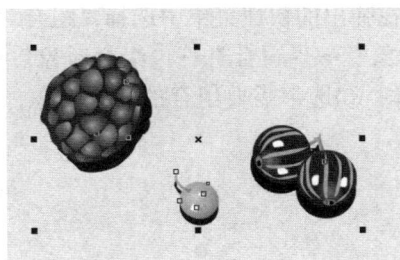

图 3-17　放大对象

3. 镜像对象

镜像对象是指将图形对象在水平或垂直方向上进行对称操作。使用选择工具选择要镜像的对象，然后在属性栏中单击"水平镜像"按钮 或"垂直镜像"按钮 。单击"水平镜像"按钮，效果如图 3-18 所示，然后单击"垂直镜像"按钮，效果如图 3-19 所示。也可以在"变换"对话框中进行镜像操作。

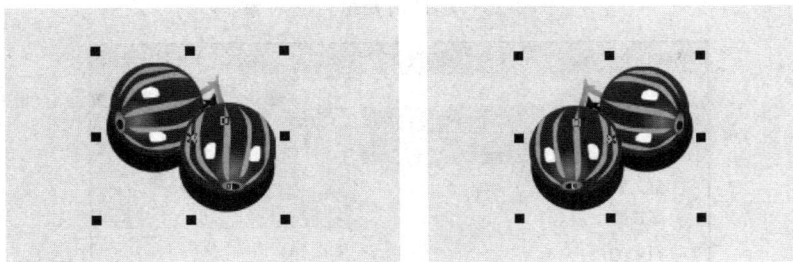

图 3-18　水平镜像

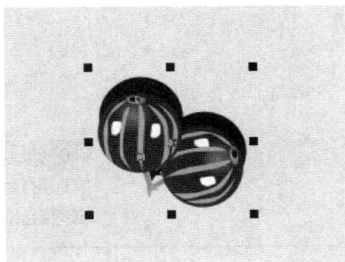

图 3-19　垂直镜像

3.1.5 控制对象

在图形编辑过程中，用户可以根据需要对图形对象进行各种控制操作，如组合与取消组合、锁定与解锁、合并与拆分、排序等，下面详细介绍对象的控制操作。

1. 组合与取消组合对象

使用 CorelDRAW X7 设计的作品通常由多个对象组成，用户可以先对这些对象进行组合然后统一操作。常用的组合对象的方法有 3 种：①按住 Shift 键的同时选择需要组合的对象，如图 3-20 所示，右击，在弹出的快捷菜单中选择"组合对象"选项，或按 Ctrl+G 组合键快速组合对象；②选择"对象"→"组合"→"组合对象"选项，如图 3-21 所示，即可将选中的对象组合为一个整体；③选中需要组合的所有对象，在属性栏中单击"组合对象"图标进行快速组合。

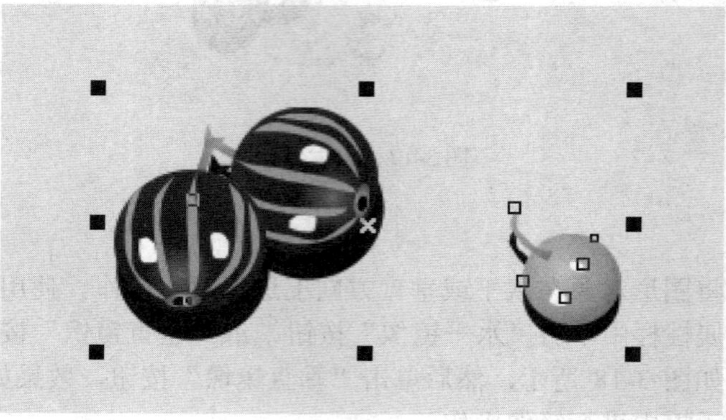

图 3-20　选择需要组合的对象

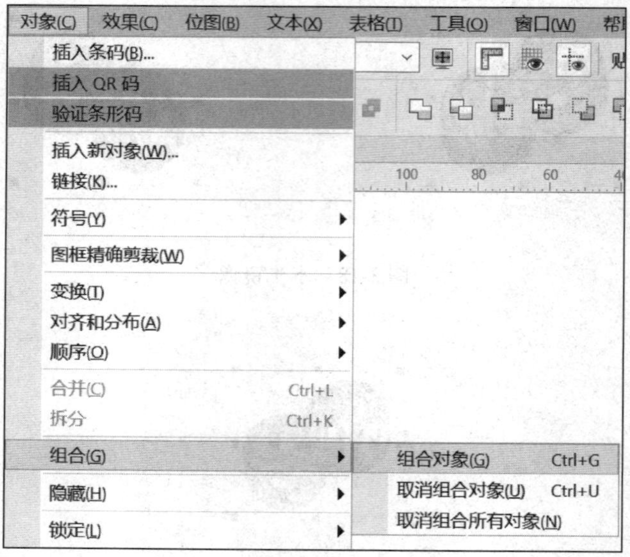

图 3-21　组合对象

若要取消组合，可选中组合的对象并右击，在弹出的快捷菜单中选择"取消组合对象"选项；或者单击属性栏中的"取消组合对象"按钮；或者选择"对象"→"组合"→"取消组合对象"选项，如图 3-22 所示；或者按 Ctrl+U 组合键快速取消组合。

图 3-22　取消组合对象

2．锁定与解锁对象

在设计过程中，为了避免设计完成的对象被误操作或移动，可以将其锁定。锁定的对象是无法被进行任何操作的，可以选择"对象"→"锁定"→"锁定对象"选项来锁定对象。若需要对锁定的对象进行编辑，则必须先解锁：选中锁定的对象并右击，在弹出的快捷菜单中选择"解锁对象"选项即可。

3．合并与拆分对象

合并对象和组合对象是完全不同的概念：组合对象是将多个对象编成一个组，各对象是独立的；而合并对象是将多个对象合并为一个新对象，合并后的属性和最后选择的对象相同。

按住 Shift 键的同时选择需要合并的对象，选择的顺序由小至大，最后选择八边形。单击属性栏中的"合并"按钮 ，即可将选择的对象合并成全新的对象，并应用八边形的属性，最终效果如图 3-23 所示。

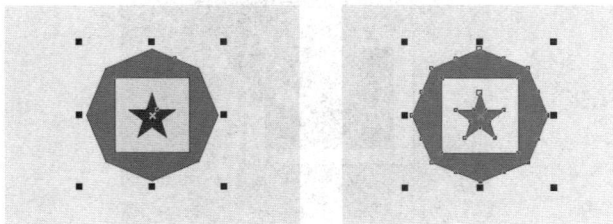

图 3-23　合并对象

使用不同的方法拆分对象所得效果也不同。例如，选择合并的对象并右击，在弹出的快捷菜单中选择"撤销合并"选项，拆分对象后，各对象恢复之前的属性；若单击属性栏中的"拆分"按钮🔲，拆分后的对象属性和合并后的对象属性一致，如图 3-24 所示。

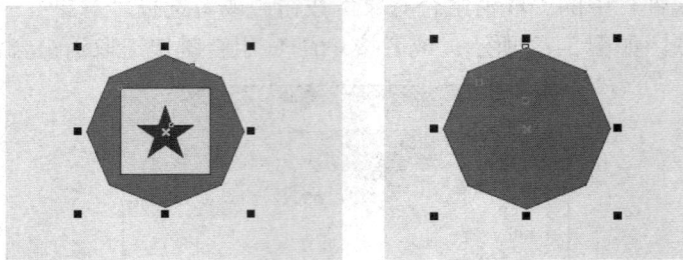

图 3-24　撤销合并

4．排序对象

在编辑由多个图形叠加组成的对象时，若图形的叠加排序不同，则所得效果也不同。

将矩形、圆形、心形等多个图形排放在一起，如图 3-25 所示，然后选择心形并右击，在弹出的快捷菜单中选择"顺序"→"向后一层"选项，如图 3-26 所示，即可将心形向后移一层，圆形出现在最上层，如图 3-27 所示。除此方法外，选中对象，然后选择"对象"→"顺序"选项，在"顺序"子菜单中选择相应的选项也可以调整对象的叠加顺序。

图 3-25　对象顺序

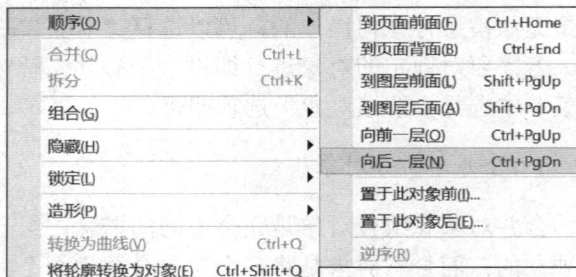

图 3-26　选择"向后一层"选项

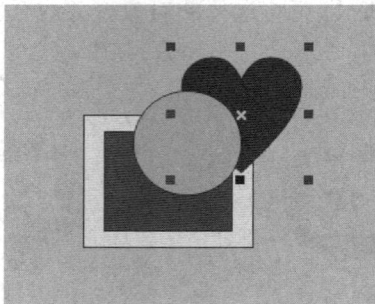

图 3-27　调整好的对象顺序

下面对"顺序"子菜单中各选项的含义进行介绍，具体如下。

1）到页面前面/背面：将选中的对象调整到当前页面的最前面或最后面。

2）到图层前面/后面：将选中的对象调整到当前图层所有对象的最前面或最后面。

3）向前一层/向后一层：将选中的对象调整到当前图层的上面或下面。

4）置于此对象前/后：选择该选项后，鼠标指针变为向右的黑色箭头，选中目标对象，可将该对象移到目标对象的前面或后面。

5）逆序：选中对象，选择该选项后，按选中对象的相反序列排序。

3.1.6 对齐与分布对象

CorelDRAW X7 提供了对齐、分布等工具，利用这些工具可以准确地对齐、分布对象，可以使对象互相对齐，还可以使对象与绘图区的各个部分（如中心、边缘和网格）对齐。在对齐多个对象时，可以按对象的中心或边缘对齐，也可以将它们水平或垂直对齐绘图区的中心，或沿边缘排列，并对准网格上最接近的点。自动分布对象时，系统会根据对象的宽度、高度和中心点，自动调整它们之间的间距。还可以按对象的中心点或选定边缘（如上边缘或右边缘）等间隔分布对象，或使它们之间的距离均等。此外，还可以将对象分布超出其边框或整个绘图区。

1. 对齐对象

在对齐多个对象时，先选中这些对象，然后选择"对象"→"对齐和分布"选项，在其子菜单中选择所需对齐方式即可，如图 3-28 所示；也可以在属性栏中单击"对齐和分布"按钮，打开"对齐与分布"对话框，在"对齐与分布"对话框中选择需要的对齐方式，如图 3-29 所示。

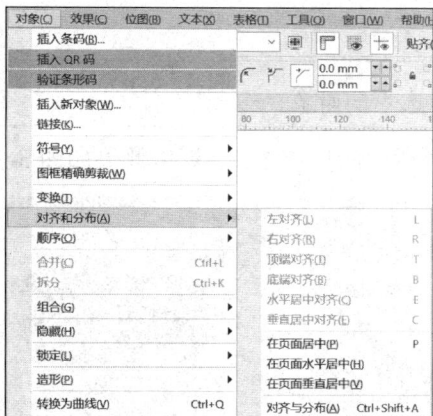

图 3-28　"对齐和分布"子菜单

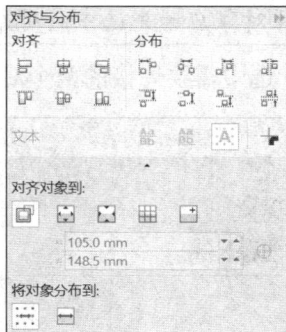

图 3-29　"对齐与分布"对话框

2. 分布对象

在分布多个对象时，先选中这些对象，然后选择"对象"→"对齐和分布"选项，在其子菜单中选择"对齐与分布"选项，打开"对齐与分布"对话框，在该对话框中选择"分布"选项卡，在分布属性栏中设置需要的分布方式即可。

3.2 造型工具

CorelDRAW X7 提供了焊接、修剪、相交、简化、前剪后、后剪前、线性尺度等造型工具，可用于图形的绘制、修改及造型等。

可以通过选择"对象"→"造形"选项或选择"窗口"→"泊坞窗"→"造型"选项，打开造型工具。

1. 焊接工具

利用焊接工具可以将两个或两个以上的矢量图形焊接成单一轮廓的闭合对象，从而可以对其进行填充和效果制作。

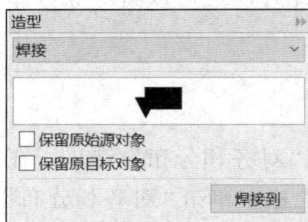

焊接图形的操作方法有以下 3 种。

1）将两个绘制完成的对象进行重叠放置，先选中其中一个对象，然后按住 Shift 键添加另一个对象，之后选择"对象"→"造形"→"合并"选项即可。

2）选择"窗口"→"泊坞窗"→"造型"选项，打开"造型"对话框，如图 3-30 所示。选中有交汇重叠的两个对象，然后单击"焊接到"按钮，出现焊接工具鼠标指针，再单击选中的对象即可。

图 3-30 "造型"对话框 1

> **提示**
>
> 原对象应为先选中的对象，目标对象为后选中的对象。

3）选中需要焊接的两个对象，直接单击属性栏中的焊接按钮，焊接效果如图 3-31 所示。

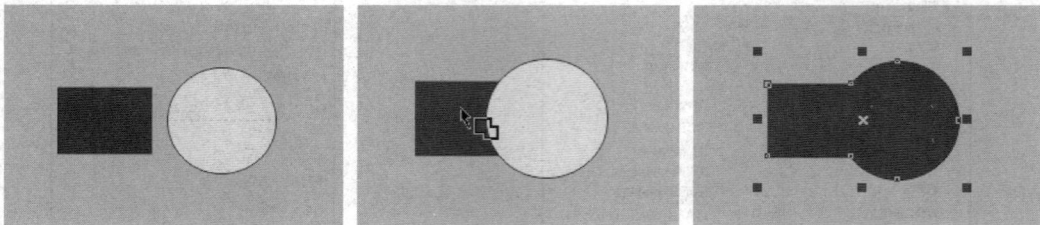

图 3-31 焊接图形的过程

2. 修剪工具

利用修剪工具可以剪除对象重叠的部分，从而生成新的图形。

修剪图形的操作方法有以下 3 种。

1）绘制两个有重叠部分的图形，先选中其中一个对象再按 Shift 键选中另一个对象，然后选择"对象"→"造形"→"修剪"选项。

2）选择"窗口"→"泊坞窗"→"造型"→"修剪"选项，打开"造型"对话框，如图 3-32 所示。选中需要修剪的两个图形对象，单击"修剪"按钮，出现修剪工具鼠标指针，在目标对象上单击即可。

3）选中需要修剪的两个图形对象，直接单击属性栏中的"修剪"按钮，修剪效果如图 3-33 所示。

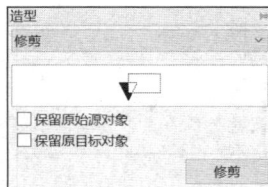

图 3-32 "造型"对话框 2

图 3-33 修剪图形的过程

3. 相交工具

利用相交工具可以使两个重叠的图形相交后留下共同重叠的区域，使之变为新的对象。

相交图形的操作方法有以下 3 种。

1）绘制两个有重叠区域的图形，先选中其中一个对象，再按 Shift 键选中另外一个对象，然后选择"对象"→"造形"→"相交"选项。

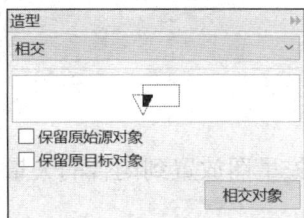

图 3-34 "造型"对话框 3

2）选择"窗口"→"泊坞窗"→"造型"→"相交"选项，打开"造型"对话框，如图 3-34 所示。选中两个图形对象后单击"相交对象"按钮，出现相交工具鼠标指针，在目标对象上单击即可。

3）选中需要相交的两个图形对象，直接单击属性栏中的"相交"按钮，相交效果如图 3-35 所示。

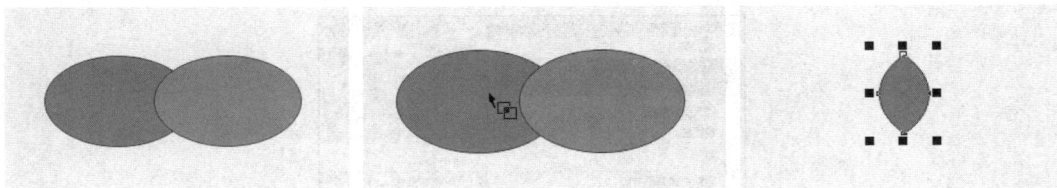

图 3-35 相交图形的过程

4. 简化工具

简化工具与修剪工具的功能类似，可以修剪重叠的区域。简化图形时，原对象必须在目标对象的上方，简化后只有目标对象的形状会发生变化。

简化图形的操作方法有以下 3 种。

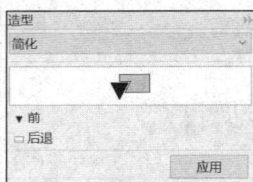

图 3-36　"造型"对话框 4

1）绘制两个有重叠区域的图形，先选中其中一个对象，再按 Shift 键选中另外一个对象，然后选择"对象"→"造形"→"简化"选项。

2）选择"窗口"→"泊坞窗"→"造型"→"简化"选项，打开"造型"对话框，如图 3-36 所示。先选中两个图形对象，然后单击"应用"按钮。

3）选中需要简化的两个图形对象，直接单击属性栏中的"简化"按钮，简化效果如图 3-37 所示。

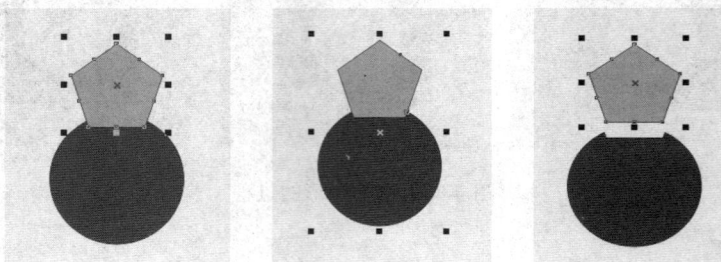

图 3-37　简化图形的过程

3.3　图框精确剪裁工具

在 CorelDRAW X7 中，可以使用图框精确剪裁工具将位图、矢量图放置到闭合的矢量图形中，并且可以在其"容器"内部进行大小、效果等调整。

图框精确剪裁工具的操作方法如下：

选择要放入目标容器内的对象，然后选择"对象"→"图框精确剪裁"→"置于图文框内部"选项，如图 3-38 所示，此时鼠标指针变成黑色粗箭头，如图 3-39 所示，然后单击要放置的目标容器即可将对象放入目标容器内。

图 3-38　图框精确剪裁

图 3-39　将对象置于图文框内部

　　选择已经放置完毕的目标容器，然后选择"对象"→"图框精确剪裁"→"置于图文框内部"→"调整内容"选项，在其子菜单中可以对容器内的图像进行大小、效果等调整，如图 3-40 所示。

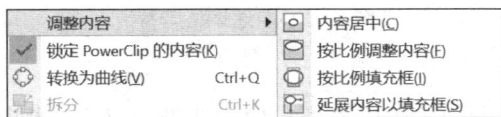

图 3-40　调整内容

　　如果需要将目标容器内放置的对象取出，那么可以选择"对象"→"图框精确剪裁"→"提取内容"选项，此时对象将被提取至容器外，如图 3-41 所示。

图 3-41　图框精确剪裁完成图

=== 课堂案例 1：绘制卡通风格卡片 ===

案例目标

学习使用对象的操作来制作卡通风格卡片，如图 3-42 所示。

绘制卡通风格卡片

图 3-42　卡通风格卡片

知识点拨

使用折线工具绘制背景中的蓝色光束，使用造型工具中的焊接工具绘制云朵，使用轮廓笔工具设置轮廓样式。

实现步骤

步骤 1： 创建一个新的文档，选择"文件"→"新建"选项，在打开的"创建新文档"对话框中设置所需的参数，然后单击"确定"按钮。

步骤 2： 选择工具箱中的矩形工具，在绘图区绘制一个矩形并填充蓝色，如图 3-43 所示。

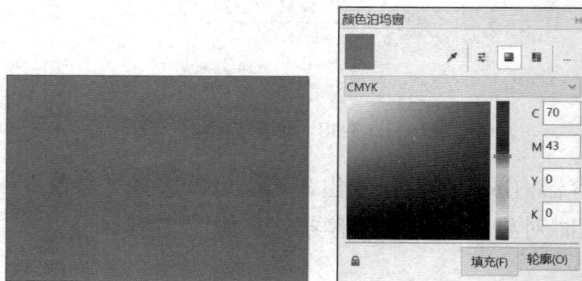

图 3-43　绘制矩形并填充颜色

步骤 3：选择工具箱中的折线工具，在绘图区使用折线工具绘制三角形，大体轮廓如图 3-44 所示。

图 3-44　绘制折线

步骤 4：为绘制好的三角形填充深蓝色，并去掉边线，群组绘制好的折线图形，复制并垂直翻转，结果如图 3-45 所示。

图 3-45　填充深蓝色并去掉边线后复制并垂直翻转

步骤 5：选择工具箱中的椭圆形工具，在其属性栏中单击"饼形"按钮，设置角度为 180°，绘制半椭圆形，如图 3-46 和图 3-47 所示。

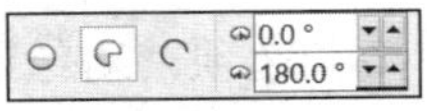

图 3-46　设置角度

图 3-47　绘制半椭圆形

步骤 6：为绘制好的半椭圆形填充灰白色，并去掉边线，如图 3-48 和图 3-49 所示。

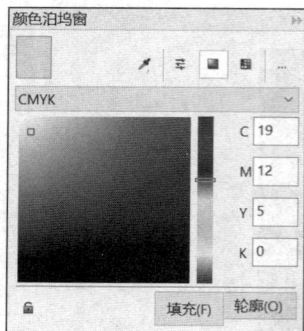

图 3-48　选择灰白色

图 3-49　填充灰白色并去掉边线

　　步骤 7：选择工具箱中的椭圆形工具，绘制大小不一的 7 个椭圆，并填充粉色，边线先保留，因为后面需要调整边线的样式和颜色，如图 3-50 和图 3-51 所示。

图 3-50　绘制椭圆

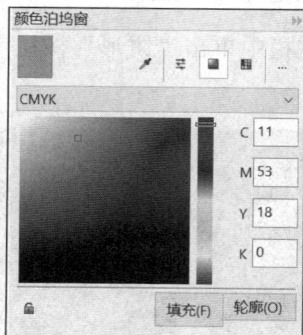

图 3-51　填充颜色

　　步骤 8：选择"窗口"→"泊坞窗"→"造型"→"焊接"选项，对绘制完成的粉色椭圆（云朵）进行焊接，焊接效果如图 3-52 所示。

图 3-52 将椭圆焊接成云朵造型

步骤 9：选择工具箱中的手绘工具，在其属性栏中设置粉色云朵的边线粗细，填充轮廓色为白色，并选择轮廓线样式，如图 3-53 和图 3-54 所示。

图 3-53 设置"手绘"工具属性栏

图 3-54 设置轮廓线粗细和轮廓线样式

步骤 10：选择工具箱中的椭圆形工具，按住 Ctrl 键，绘制 4 个大小不一的正圆，放在粉色云朵四周，并填充黄色，去掉边线，如图 3-55 和图 3-56 所示。

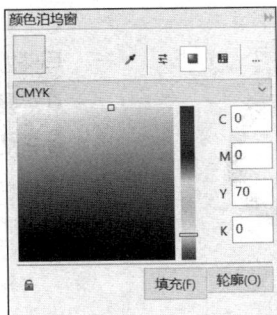

图 3-55 选择黄色

图 3-56 填充黄色并去掉边线

步骤 11：选择工具箱中的文本工具，选择合适的字体（这里选择的是BrowalliaUPC[Arial]字体），写出"HELLO EVERYONE"文字并填充白色，然后选择"对象"→"拆分美术字：××××"［本案例中××××为 Browallia UPC（粗体）（ENU）］选项，如图 3-57 所示。将拆分后的"EVERYONE"文字放大，群组所有图层，卡通风格卡片至此制作完成，如图 3-58 所示。

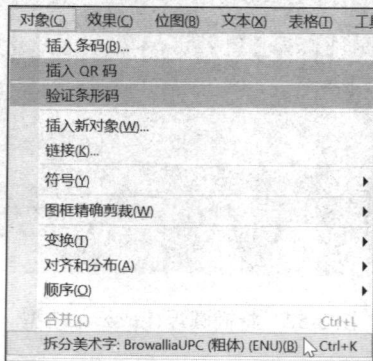

图 3-57 拆分美术字

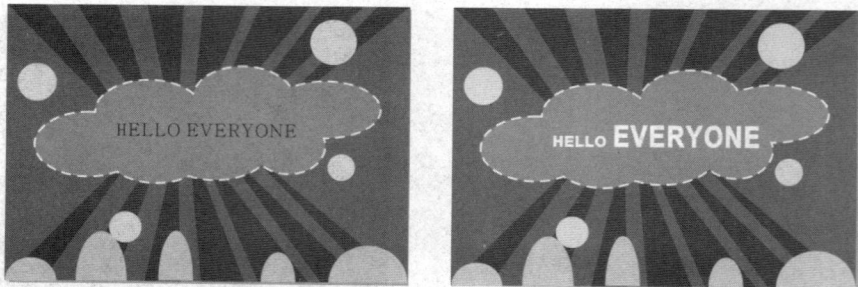

图 3-58 放大文字并群组图层

课堂案例2：绘制奥运五环图形

案例目标

学习使用对象的操作来制作奥运五环图形，如图 3-59 所示。

绘制奥运五环图形

图 3-59 奥运五环图形

知识点拨

使用椭圆形工具绘制正圆，通过造型工具的修剪得到圆环，并复制对象；应用造型工具中的相交工具，完成 5 个圆环的相扣，并最终得到奥运五环图形。

实现步骤

步骤1： 创建一个新的文档，选择"文件"→"新建"选项，在打开的"创建新文档"对话框中设置所需的参数，然后单击"确定"按钮。

步骤 2：选择工具箱中的椭圆形工具，绘制一个正圆并填充为蓝色，颜色 CMYK 值为 C100、M30、Y0、K0，如图 3-60 所示。

提示

这里为了更清楚地区分实心圆和后面步骤中修剪的圆环效果，先将正圆填充了颜色，大家在操作时可以自行选择是先上色还是后上色。

步骤 3：选择工具箱中的选择工具，选中绘制的圆形，按住 Shift 键等比例缩小复制，绘制一个小圆，大体轮廓如图 3-61 所示。

步骤 4：选择造型工具中的修剪工具，用小圆修剪大圆，得到一个圆环，如图 3-62 所示（颜色只是为了让大家看出来修剪效果）。

图 3-60 绘制正圆

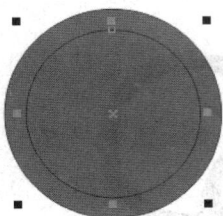

图 3-61 等比例缩小复制一个正圆

图 3-62 用小圆剪大圆得到圆环

步骤 5：将修剪好的圆环按照特定的位置复制、移动，并填充相应的颜色，蓝色圆环的 CMYK 值为 C100、M30、Y0、K0，黑色圆环的 CMYK 值为 C0、M0、Y0、K100，红色圆环的 CMYK 值为 C0、M95、Y65、K0，黄色圆环的 CMYK 值为 C0、M35、Y90、K0，绿色圆环的 CMYK 值为 C100、M0、Y90、K0，然后去掉边线，如图 3-63 和图 3-64 所示。

图 3-63 复制圆环并调整位置

图 3-64 给圆环填充相应的颜色

步骤 6：使用相交工具对绘制好的圆环进行处理。首先处理蓝色圆环和黄色圆环，将黄色圆环相交到蓝色圆环，得到蓝色相交结果，并使用形状工具删除多余的蓝色相交部分，两个圆环就相交在一起了，如图 3-65 所示。这里应注意，保留的蓝色相交部分需要使用形状工具微调相交的边线，否则会留下痕迹，如图 3-66 所示，完成效果如图 3-67 所示。

图 3-65　黄色圆环与蓝色圆环套在一起

图 3-66　使用形状工具调整多余边线线条 1

图 3-67　相交完成

步骤 7：黄色圆环和黑色圆环相交。将黄色圆环相交到黑色圆环，得到黑色相交结果，方法与步骤 6 相同，如图 3-68～图 3-71 所示，具体操作这里不再赘述。

图 3-68　黄色圆环相交到黑色圆环得到黑色相交结果

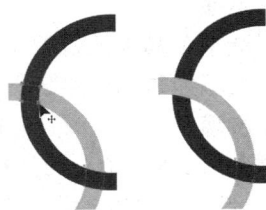

图 3-69　使用形状工具删除多余的黑色相交结果

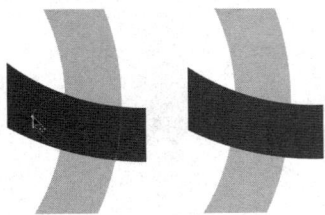

图 3-70　使用形状工具调整多余边线线条 2

图 3-71　环环相套完成

步骤 8: 黑色圆环和绿色圆环相交、绿色圆环和红色圆环相交的方法与步骤 6 相同,这里不再赘述,所有圆环都套在一起后,在保存之前将其群组,结果如图 3-72 所示。

图 3-72　五环图形完成

课堂案例 3:绘制齿轮图案组合造型

案例目标

学习使用对象的操作来制作齿轮图形,如图 3-73 所示。

绘制齿轮图案组合造型

图 3-73　齿轮图形

知识点拨

使用造型工具中的修剪工具、相交工具、焊接工具来绘制齿轮，并使用基本形状工具的完美形状添加装饰效果。

实现步骤

步骤 1：创建一个新的文档，选择"文件"→"新建"选项，在打开的"创建新文档"对话框中设置所需的参数，然后单击"确定"按钮。

步骤 2：选择工具箱中的多边形工具，绘制一个十六边形，如图 3-74 所示。

步骤 3：选择工具箱中的形状工具 ，选中其中一个节点，按住 Ctrl 键将十六边形往中间拖，得到一个十六角星，如图 3-75 所示。

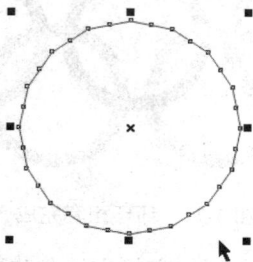

图 3-74　使用多边形工具绘制十六边形　　　　图 3-75　调整节点拖出十六角星

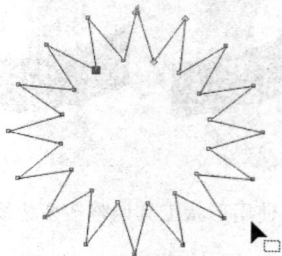

步骤 4：选择工具箱中的椭圆形工具，按住 Ctrl 键绘制一个正圆，将正圆和十六角星居中对齐，如图 3-76 所示。

步骤 5：选择造型工具中的相交工具，将正圆与十六角星相交，得到如图 3-77 所示的图形。

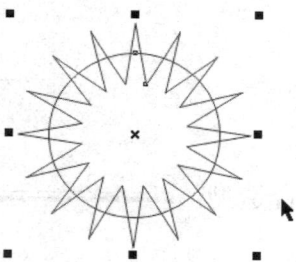

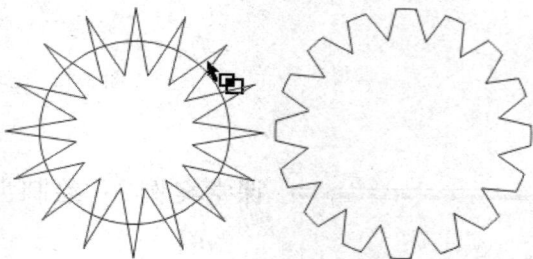

图 3-76　绘制一个正圆放在十六角星上层　　　图 3-77　正圆与十六角星相交得到十六边
　　　　　　并居中对齐　　　　　　　　　　　　　　　　齿轮形

步骤 6：选择工具箱中的椭圆形工具，按住 Ctrl 键绘制一个正圆，将正圆和十六边齿轮形居中对齐，如图 3-78 所示，使用造型工具中的焊接工具焊接，得到如图 3-79 所示的图形。

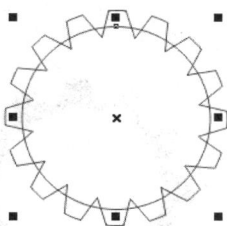

图 3-78　绘制一个正圆放在十六边齿轮形上层并居中对齐

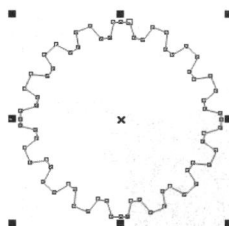

图 3-79　焊接得到新的齿轮图形

步骤 7：选择工具箱中的椭圆形工具，按住 Ctrl 键绘制一个正圆，将正圆和刚刚焊接得到的新图形居中对齐，如图 3-80 所示，使用造型工具中的修剪工具修剪得到如图 3-81 所示的图形，然后为该图形填充颜色，CMYK 值为 C0、M100、Y0、K60，如图 3-82 和图 3-83 所示。

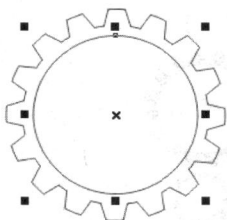

图 3-80　绘制一个正圆放在新齿轮图形上并居中对齐

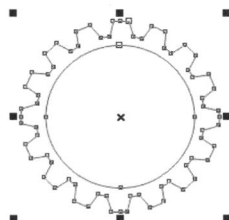

图 3-81　得到空心齿轮图

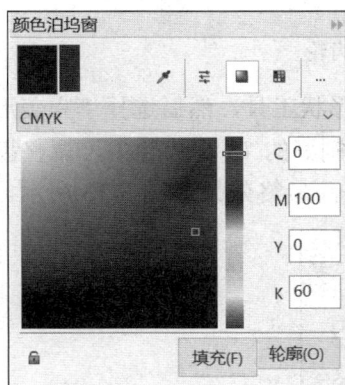

3-82　选择要填充的颜色

图 3-83　填充颜色

步骤 8：使用同样的方法绘制一个齿轮数为 8 的齿轮，填充颜色的 CMYK 值为 C5、M75、Y0、K0。再绘制一个齿轮数为 12 的齿轮，填充颜色的 CMYK 值为 C80、M80、Y0、K0，然后去掉边线，如图 3-84 和图 3-85 所示。

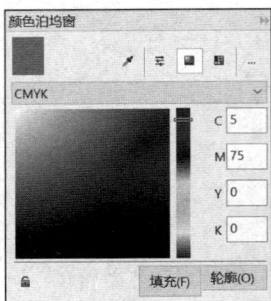

图 3-84　选择颜色

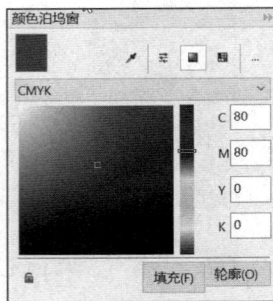

图 3-85　填充完成

步骤 9：将绘制好的 3 个齿轮进行复制并调整（放大或缩小），这里共准备了 13 个齿轮（注意每个齿轮的个数），如图 3-86 所示。

图 3-86　复制得到 13 个齿轮

步骤 10：选择工具箱中的多边形工具组中的基本形状工具，然后选择"完美形状"下拉列表中的图形，如图 3-87 所示，将图形分别放入绘制好的 13 个齿轮中，调整齿轮并装饰图形的颜色，使变化和统一相协调，然后群组图形，最终效果如图 3-73 所示。

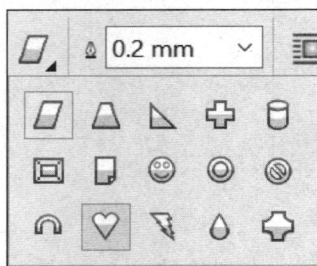

图 3-87　选择完美形状

4 单元

图形的填充与轮廓设置

单元导读

使用 CorelDRAW X7 提供了图形填充和轮廓设置功能，利用这些功能可实现图形的各种填充，并对图形轮廓进行合理设置，从而可制作出满足不同要求的图形。

学习目标

通过本单元的学习，应熟练掌握 CorelDRAW X7 中的均匀、渐变、图样、底纹、PostScript、颜色滴管工具、智能填充和交互式填充等各种颜色填充工具的使用方法和技巧，以及轮廓线的设置方法。

思政目标

1. 培养爱国情怀，增强民族自信，坚定道路自信。
2. 树立节能意识、环保意识、效率意识，养成良好的生活习惯。

4.1　图形的填充

利用 CorelDRAW X7 可以方便地为对象填充颜色，包括对图形对象轮廓的填充和内部的填充。图形对象的轮廓只能填充单色，而图形对象的内部则可以进行均匀、渐变、图样等多种方式的填充。通过对图形颜色的填充，可以制作出富有创意和感染力的作品。

4.1.1　颜色填充

1．使用调色板填充

CorelDRAW X7 的调色板位于工作区域右侧，默认状态下从该调色板中选取的颜色可直接应用到对象上。当为对象应用均匀填充或轮廓填充时，可以先使用选择工具 选中对象，然后单击工作区域右侧调色板中的颜色，就可以为该对象填充颜色；而右击某种颜色，则可以改变轮廓线的颜色。

另外，还可以通过将调色板中的色块拖动到对象上进行填色。将鼠标指针移至调色板中的某个色块上，按住鼠标左键并向所选对象拖动，这时鼠标指针会出现一个标志，以指明当前要进行均匀填充还是轮廓填充，松开鼠标左键后，对象即发生相应的变化。图 4-1 所示为对象内部填充颜色，图 4-2 所示为对象轮廓填充颜色。

图 4-1　对象内部填充颜色　　　　　　　图 4-2　对象轮廓填充颜色

"窗口"→"调色板"子菜单提供了多个包含各种颜色的调色板，只要执行其中某个命令，就可以在工作区域中启用相应的调色板；而在选择"无"选项后，将会隐藏所有的调色板。

用户可以按照自己的使用习惯对调色板进行设置，如可以将其停放在应用程序窗口的边缘或浮动于窗口的外面。用户可以根据具体的需要来改变调色板的外观和大小，还可以通过单击属性栏中的"选项"按钮 ，在打开的"选项"对话框中设置调色板，如图 4-3 所示。

图 4-3 "选项"对话框

提示

如果要使用当前视图中对象的颜色，可以使用工具箱中的颜色滴管工具 ：在所需颜色上单击，在图形对象上提取并复制对象的属性；当鼠标指针变为颜料桶形状时，再在需要填充颜色的对象上单击，就可以将提取并复制的对象属性填充到图形对象中。

---

2. 使用编辑填充工具填充

默认状态下的工具箱中没有编辑填充工具，用户需要单击工具箱最下方的"快速自定义"下拉按钮 ，在弹出的下拉列表中进行添加。

选中对象后，在工具箱中单击"编辑填充"按钮 ，即可打开"编辑填充"对话框，如图 4-4 所示。在该对话框中，用户可自定义所需要的颜色效果，并将其应用到所选对象上。

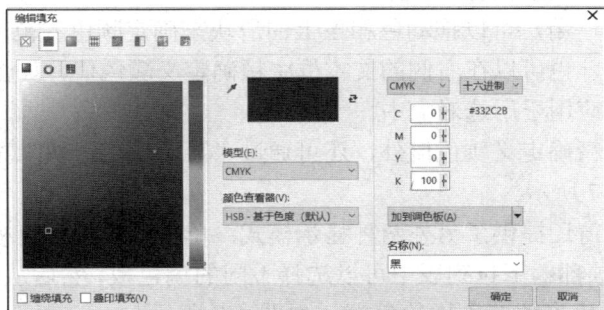

图 4-4 "编辑填充"对话框

提示

单击"编辑填充"对话框中的"颜色滴管"按钮 ，将鼠标指针移动到视图中，可以吸取其他图形或图像中的颜色作为新建颜色。

此外，在"编辑填充"对话框中，用户还可以通过位于中间的色带选择色相，然后在左侧单击或拖动鼠标，选择合适的颜色。

3. 使用颜色泊坞窗填充

除使用编辑填充工具自定义颜色外，还可以在颜色泊坞窗中使用多种色彩模式来调配颜色。选择"窗口"→"泊坞窗"→"彩色"选项，打开颜色泊坞窗，如图 4-5 所示。泊坞窗顶部的下拉列表中提供了多种色彩模式，如图 4-6 所示。

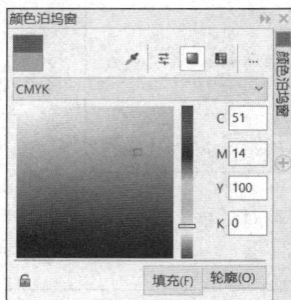

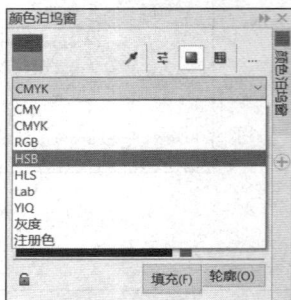

图 4-5　颜色泊坞窗　　　　　　图 4-6　多种色彩模式

（1）选取颜色

在使用颜色泊坞窗选取颜色时，要先根据具体的需要选择合适的色彩模式，如印刷输出就需要使用 CMYK 颜色模式，这时在泊坞窗中就会出现相应的颜色组件。在文本框中输入精确的参数值，或者拖动滑块进行调节，以确定每个颜色组件所占的比例，在整个操作过程中，泊坞窗左上角将会出现当前所设置颜色的预览色块。在设置好所需的颜色后，单击"填充"按钮，即可为对象应用均匀填充；而单击"轮廓"按钮，则可以为对象应用轮廓填充。

（2）更改显示方式

在默认状态下，颜色泊坞窗中将显示"显示颜色查看器"按钮 ，单击该按钮后可切换到颜色查看器模式，用户可以拖动色相条上的滑块来确定颜色的范围，或者在预览窗口中拖动鼠标选择颜色，也可以在右侧的文本框中精确定义颜色值，如图 4-5 所示，然后单击"填充"按钮将其应用于所选对象中。

除可通过文本框精确定义颜色值外，还可通过"显示颜色滑块"按钮 来调节各组件所占的比例，如图 4-7 所示。

此外，颜色泊坞窗还提供了另外两种显示模式：单击"显示调色板"按钮 ，可切换到调色板模式，在其顶部的下拉列表中可以选择不同的调色板，然后从中选择合适的颜色；还可以拖动底部的滑块来调节色样的色调，如图 4-8 所示。

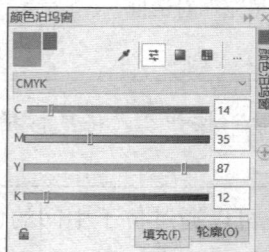

图 4-7　显示颜色滑块　　　　　　图 4-8　显示调色板

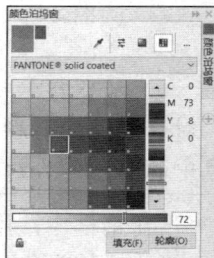

4.1.2 渐变填充

渐变填充是一种非常实用的功能，在 CorelDRAW X7 中提供了线性、椭圆形、圆锥形和矩形 4 种渐变色彩的填充方式，利用该功能可以绘制出多种渐变颜色效果，如图 4-9 所示。

图 4-9　渐变填充的 4 种方式效果

单击工具箱最下方的"快速自定义"下拉按钮，在弹出的下拉列表中选中"编辑填充"复选框（图 4-10），工具箱中就会出现"编辑填充"按钮 🔲 。

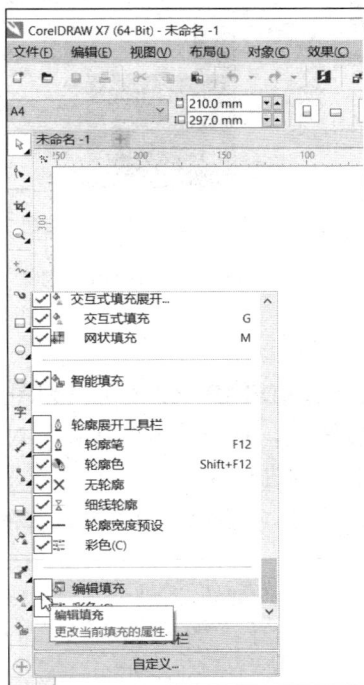

图 4-10　"编辑填充"复选框

单击"编辑填充"按钮，在弹出的"编辑填充"对话框中选择渐变填充，如图 4-11 所示。"编辑填充"对话框的填充挑选器选项组中自带 CorelDRAW X7 预设的一些渐变效果。调配好一个渐变效果后，可以通过单击 🔳 按钮将该效果添加到预设选项中。如果需要应用或删除预设颜色，那么可以单击填充挑选器右侧的 ▾ 下拉按钮，在弹出的下拉列表中单击颜色预览，然后选择"应用"或"删除"选项，如图 4-12 所示。

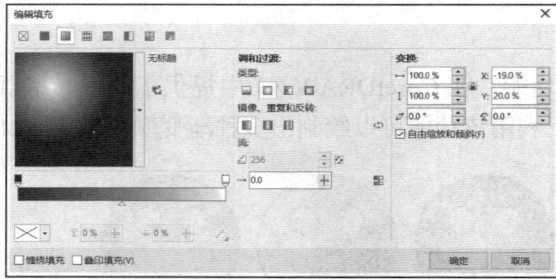

图 4-11　渐变填充对话框及效果

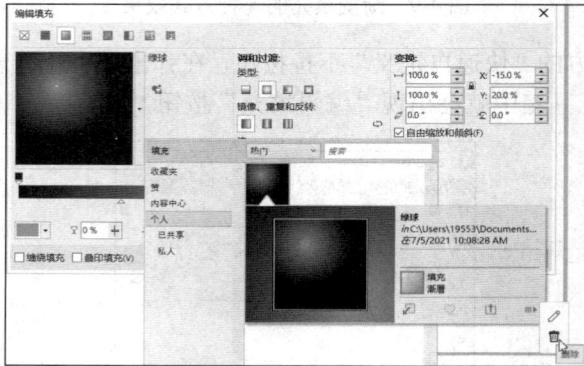

图 4-12　颜色预设的应用及删除

4.1.3　图样填充

除常规的颜色填充外，利用 CorelDRAW X7 还可以为图形填充指定图案。选中对象后，在工具箱中单击"编辑填充"按钮 ，打开"编辑填充"对话框，其中提供了双色、位图和向量 3 种图样填充类型，下面分别进行介绍。

1）双色图样填充：可以将一些简单的图案填充到选择的图形中，如图 4-13 所示。

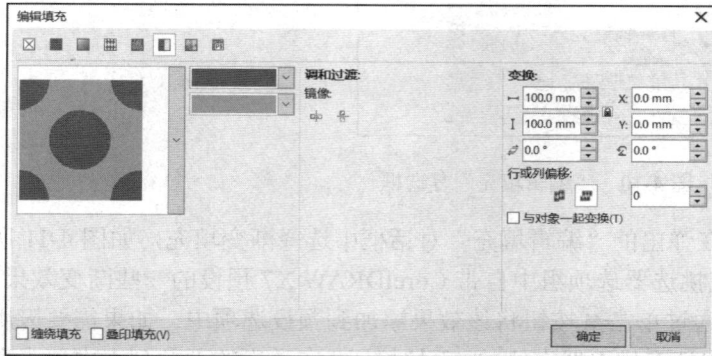

图 4-13　双色图样填充对话框及效果

2）位图图样填充：使用位图图片进行填充，如图 4-14 所示。

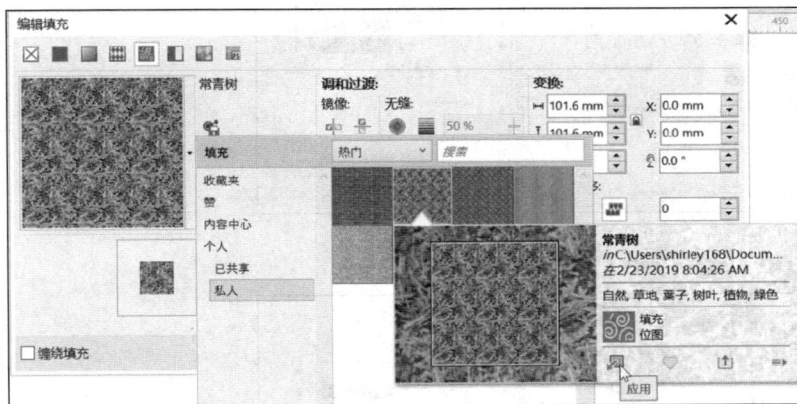

图 4-14　位图图样填充对话框及效果

3）向量图样填充：将矢量图填充在选择的图形中，与双色图样填充相比，向量图栏填充的颜色更加丰富，图案更加精细，如图 4-15 所示。

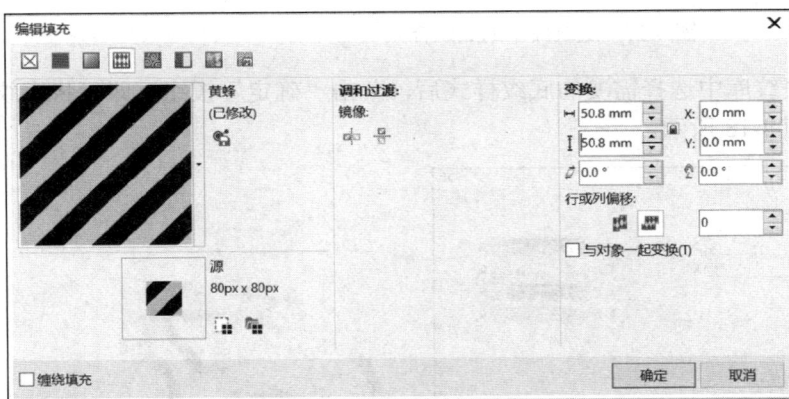

图 4-15　向量图样填充对话框及效果

4.1.4　底纹填充

底纹填充是用随机生成的纹理来填充对象，可赋予对象自然的外观。底纹填充只能包含 RGB 颜色，但是可以将其他颜色模型和调色板用作参考来选择颜色。

在"编辑填充"对话框中单击"底纹填充"按钮，切换到底纹填充界面，如图 4-16 所示。CorelDRAW X7 的底纹库提供了 7 个样本组和上百种预设的底纹填充图案，并且每一组底纹均有一组可以更改的选项。在"编辑填充"对话框中的底纹库选项的下拉列表中可以选择所需的样本组，如图 4-17 所示。选取样本组后，在下面的底纹列表中，显示出样本组中的多个底纹样式的预览，单击选中一个底纹样式，预览框中显示出底纹的效果。

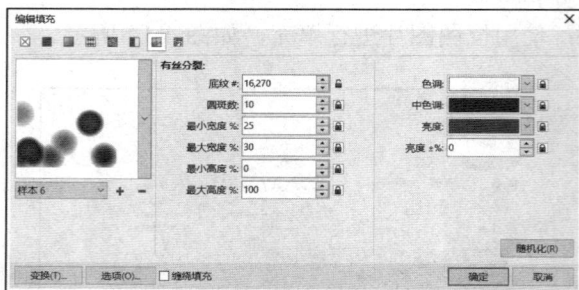

图 4-16　底纹填充界面

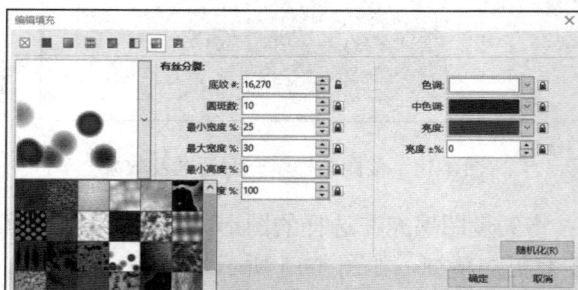

图 4-17　底纹库中的底纹样式

绘制一个图形，在底纹库中选择需要的底纹样式后，单击"确定"按钮，即可将底纹填充到图形对象中，如图 4-18 所示。

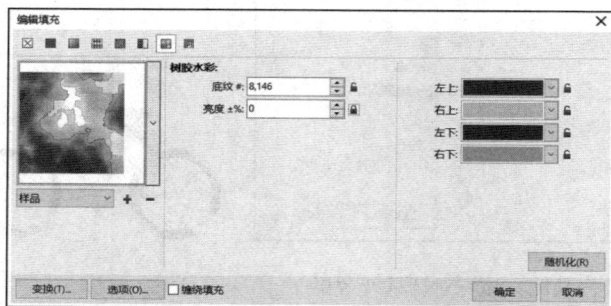

图 4-18　填充底纹的效果

> **提示**
>
> 注意底纹填充会增加文件的大小，并使操作的时间增长，在对大型的图形对象使用底纹填充时要慎重。

4.1.5　PostScript 填充

PostScript 填充是使用 PostScript 语言创建的。有些底纹非常复杂，因此打印或屏幕更新可能需要较长时间。需要注意的是，在某些视图模式下，填充可能只显示字母"PS"。

单击"编辑填充"对话框中的"PostScript 填充"按钮，切换到 PostScript 填充界面。

CorelDRAW X7 的 PostScript 库提供了多种预设的 PostScript 填充图案。在"编辑填充"对话框中的下拉列表中选择合适的填充纹样，在"参数"选项组中会显示相对应的参数，修改参数后，单击"刷新"按钮，观察调整效果，达到所需效果后单击"确定"按钮即可完成填充，如图 4-19 所示。

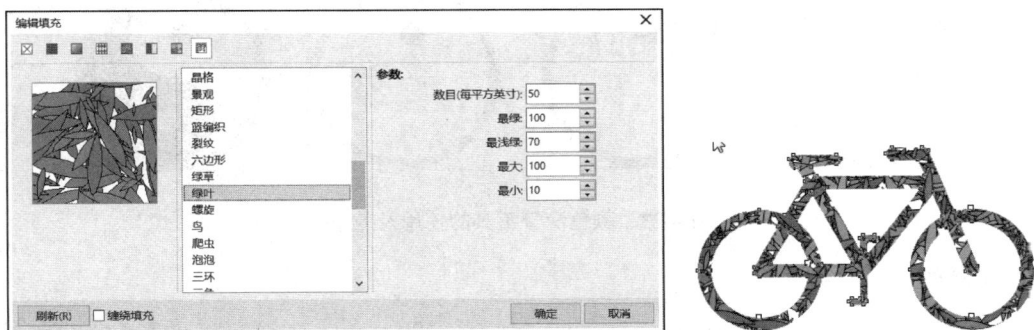

图 4-19　PostScript 填充对话框及填充效果

4.2　其他填充工具

除了前面介绍的填充工具，CorelDRAW X7 还提供了滴管工具、智能填充工具、交互式填充工具、交互式网状填充工具等，下面将分别对其进行讲解。

4.2.1　滴管工具

滴管工具包括颜色滴管工具和属性滴管工具，如图 4-20 所示。滴管工具可以复制对象颜色样式和属性样式，并且可以将吸取的颜色或属性应用到其他对象上。

图 4-20　颜色滴管工具和属性滴管工具

1. 颜色滴管工具

颜色滴管工具可以在对象上进行颜色取样，然后应用到其他对象上。颜色滴管工具属性栏中的选择颜色工具和应用颜色工具通常配合使用。选择颜色工具用于从图形对象中提取局部颜色，可应用于各种目标对象（如图形、文本和位图等）；而应用颜色工具用于将吸管工具获取的颜色填充到目标对象中。

在使用颜色滴管工具之前，先选择该工具，在其属性栏中单击"应用颜色"按钮，如图 4-21 所示，切换为油漆桶工具，其属性栏如图 4-22 所示，移动鼠标指针至需要填充颜色的对象上，单击即可将提取的颜色填充到该对象上，从而为图形填充指定的颜色，如图 4-23 所示。

图 4-21　颜色滴管工具的属性栏

图 4-22　应用对象属性

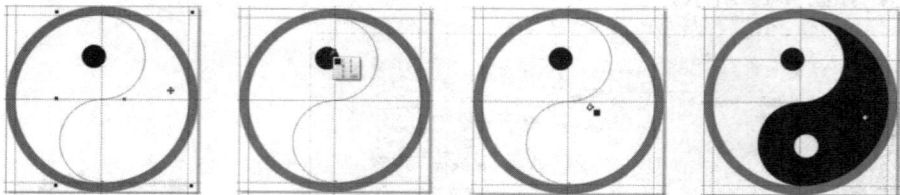

图 4-23　颜色滴管工具的使用及效果

2．属性滴管工具

利用属性滴管工具可以复制对象的属性，并将复制的属性应用到其他对象上，其属性栏如图 4-24 所示。

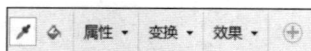

图 4-24　属性滴管工具的属性栏

在使用属性滴管工具时，先选择该工具，然后在属性栏中分别单击"属性"按钮避、"变换"按钮和"效果"按钮，打开相应的选项，选中需要复制的属性复选框，接着单击"确定"按钮，添加相应属性，待鼠标指针变为滴管形状时，即可在文档窗口内进行属性取样，取样结束后，鼠标指针变为油漆桶形状，此时单击需要应用的对象，即可进行属性应用。

4.2.2　智能填充工具

使用智能填充工具可以自动识别多个图形重叠的交叉区域，既可对其进行复制，也可进行颜色填充，如图 4-25 所示。使用椭圆形工具绘制两个交叠的圆，然后选择工具箱中的智能填充工具，在交叉区域内单击，为其填充颜色。

智能填充工具可以直接对对象的重叠区域进行填充，并且可以快速地在两个或多个相重叠的对象中创建新对象，同时也可以对单个图形对象进行填充，其属性栏如图 4-26 所示。

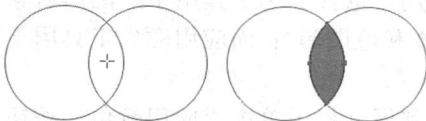

图 4-25　智能填充工具的使用及效果

图 4-26　智能填充工具的属性栏

> **提示**
>
> 在"智能填充"工具属性栏中，无论是单击"填充选项"下拉按钮，还是单击"轮廓"下拉按钮，都会弹出一个颜色下拉列表，从中可以为图形选择填充色或轮廓色。

1）在"填充选项"下拉列表中，包括"使用默认值""指定""无填充"3 个选项，如图 4-27 所示。选择"使用默认值"选项时，使用当前默认的颜色填充；选择"指定"选项时，可在后面的"填充颜色"下拉列表中选择色样。

2）在"轮廓"下拉列表中，也包括 3 个选项，分别为"使用默认值""指定""无轮廓"，如图 4-28 所示。在"轮廓宽度"下拉列表中，可以选择轮廓的宽度，同时也可以直接输入数值确定对象轮廓。

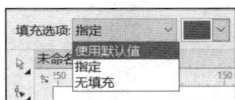

图 4-27　"填充选项"下拉列表　　　图 4-28　"轮廓"下拉列表

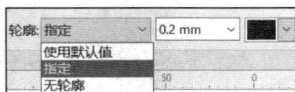

4.2.3　交互式填充工具

利用交互式填充工具可即时观察到设置参数后的效果。

交互式填充工具 主要用于调整前面几种填充工具的填充效果。它将各种基本填充工具结合在一起，并通过属性栏来设置图形的填充，使填充变得更加直观。图 4-29 所示为交互式填充工具的属性栏，其中包含所有填充方式。交互式填充工具的使用及效果如图 4-30 所示。

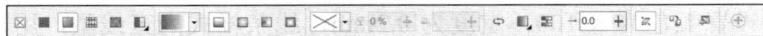

图 4-29　交互式填充工具的属性栏

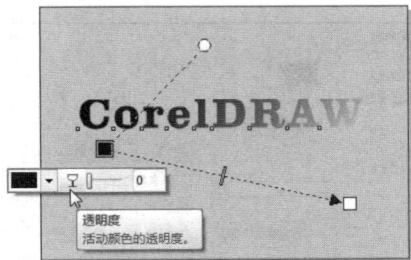

图 4-30　交互式填充工具的使用及效果

4.2.4　网状填充工具

使用交互式网状填充工具 选择图形时，被填充对象上将出现分割网状填充区域的经纬线。网状填充工具的属性栏如图 4-31 所示。选中其中的一个或多个节点后，可以分别为其设置不同的填充颜色，而且每个区域的大小可以随意设置，从而可以创造出自然而柔和的过渡填充效果，如图 4-32 所示。其中，节点的编辑方法和曲线相同，同样可进行拖动、添加、删除等操作。

图 4-31　网状填充工具的属性栏

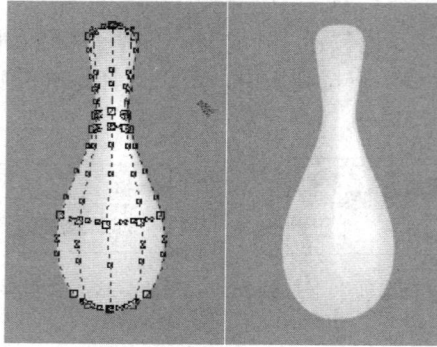

图 4-32　网状填充工具的使用及效果

4.3　图形轮廓的设置

轮廓线是指一个图形对象的边缘或路径。在默认的状态下，系统自动为绘制的图形添加轮廓线，并设置颜色为 K:100，宽度为 0.2mm，线条样式为直线型，用户可以选中对象进行调整，绘制出不同宽度的轮廓线，或将轮廓线设置为无轮廓。"轮廓笔"对话框如图 4-33 所示。

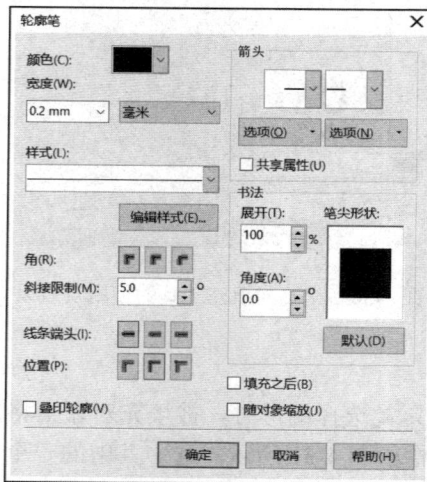

图 4-33　"轮廓笔"对话框

4.3.1　设置轮廓线宽度

单击工具箱最下方的"快速自定义"下拉按钮，在弹出的下拉列表中选中"轮廓展开工具栏"复选框，如图 4-34 所示，工具箱中出现"轮廓笔"按钮 。

利用轮廓笔工具 可以编辑图形对象的轮廓线，并设置图形对象的轮廓线颜色。

轮廓笔展开列表中的 11 个工具用于设置图形对象的轮廓宽度，分别是无轮廓、细线轮廓、0.1mm、0.2mm、0.25mm、0.5mm、0.75mm、1mm（中粗）、1.5mm、2mm、2.5mm（粗）轮廓，如图 4-35 所示。

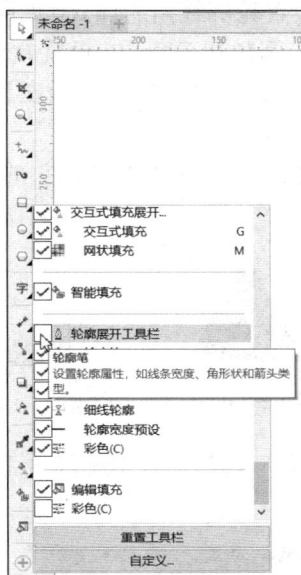

图 4-34 "轮廓展开工具栏"复选框   图 4-35 设置轮廓宽度的工具

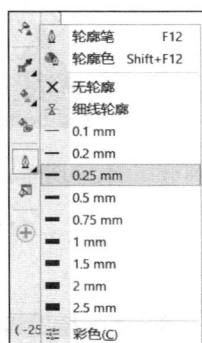

4.3.2 设置轮廓线样式

在"轮廓笔"对话框中，"宽度"选项可以设置轮廓线的宽度值和宽度的度量单位。单击"宽度值"下拉按钮，在弹出的下拉列表中可以选择宽度数值，如图 4-36 所示，也可以在宽度文本框中直接输入宽度数值。单击"宽度单位"下拉按钮，在弹出的下拉列表中可以选择宽度的度量单位，如图 4-37 所示。单击"样式"下拉按钮，在弹出的下拉列表中可以选择轮廓线的样式，如图 4-38 所示。

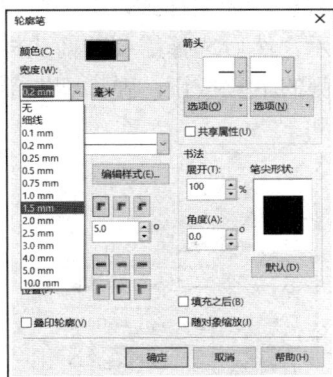

图 4-36 "宽度值"下拉列表   图 4-37 "宽度单位"下拉列表   图 4-38 "样式"下拉列表

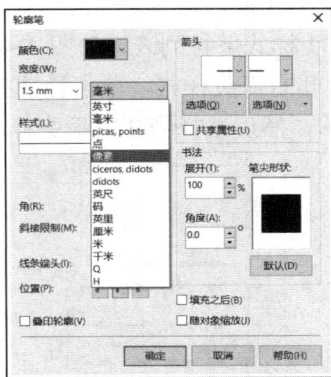

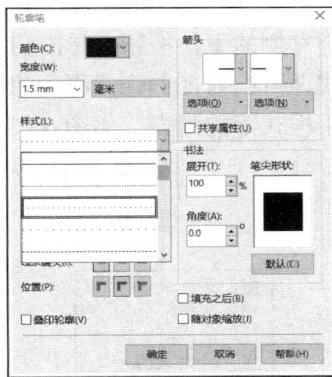

4.3.3 设置轮廓线拐角效果

在"轮廓笔"对话框中，"角"选项组可用于设置轮廓线角的样式，如图 4-39 所示。"角"选项组提供了 3 种拐角的方式，它们分别是尖角、圆角和平角，其设置效果如图 4-40 所示。

需要注意的是，由于较细的轮廓线在设置拐角后效果不明显，故在设置拐角效果时需同步增加轮廓线宽度。

在"轮廓笔"对话框中，"线条端头"选项组可用于设置线条端头的样式，如图 4-41 所示。

图 4-39　"角"选项组　　　图 4-40　3 种拐角的设置效果　　　图 4-41　"线条端头"选项组

3 种样式分别是方形端头、圆形端头、延伸方形端头。分别选择 3 种端头样式，效果如图 4-42 所示。

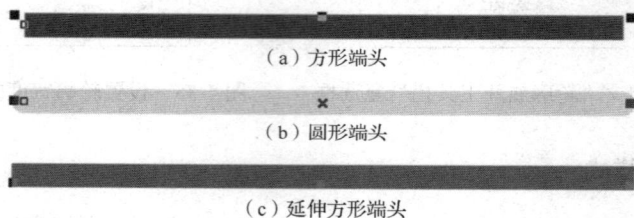

（a）方形端头

（b）圆形端头

（c）延伸方形端头

图 4-42　3 种线条端头的效果

4.3.4 在轮廓线中应用箭头

在"轮廓笔"对话框中，"箭头"选项组可用于设置线条两端的箭头样式，如图 4-43 所示。"箭头"选项组提供了两个样式框，左侧的样式框用来设置朝左箭头样式，单击样式框左侧的下拉按钮，弹出朝左箭头样式下拉列表，如图 4-44 所示，然后选择需要的箭头样式即可；右侧的样式框用来设置朝右箭头样式，单击样式框右侧的下拉按钮，弹出朝右箭头样式下拉列表，如图 4-45 所示，然后选择需要的箭头样式即可。

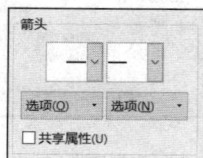

图 4-43　"箭头"选项组　　　图 4-44　朝左箭头样式　　　图 4-45　朝右箭头样式

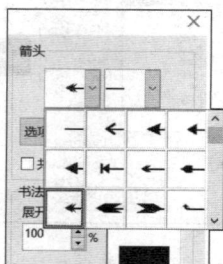

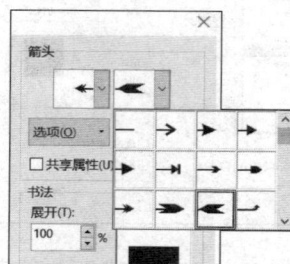

4.3.5 更改轮廓线颜色

选中需要更改轮廓线颜色的图形对象，单击"轮廓笔"按钮，弹出轮廓笔展开列表，如图 4-46 所示，该列表中的"轮廓色"选项用于设置轮廓线的颜色，默认状态下，选择"轮廓色"选项后，轮廓线被设置为黑色。

在"轮廓笔"对话框中单击"颜色"下拉按钮，弹出"颜色"下拉列表，如图 4-47 所示，在该下拉列表中可以选择需要的颜色；也可以选择"颜色"下拉列表中的"更多"选项，打开"选择颜色"对话框，如图 4-48 所示，在该对话框中可以调配所需颜色。

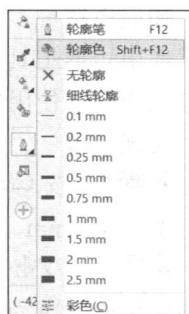

图 4-46　轮廓笔展开列表

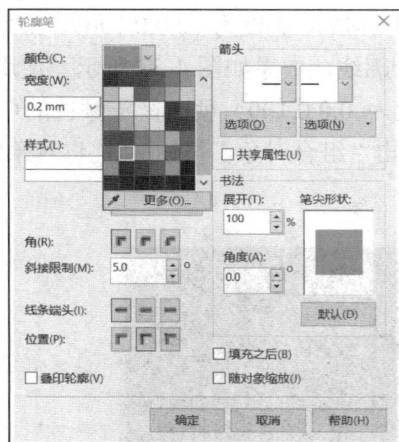

图 4-47　"颜色"下拉列表

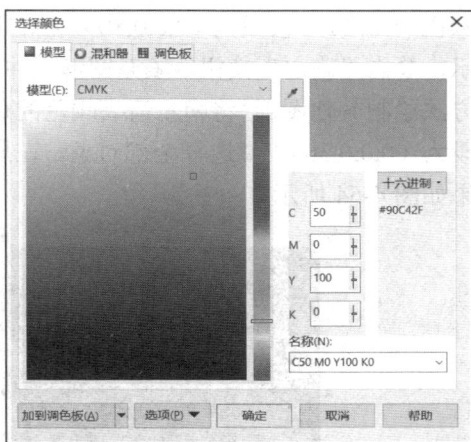

图 4-48　"选择颜色"对话框

课堂案例 1：绘制电池 ICON

案例目标

学习使用渐变填充工具绘制"电池 ICON"，如图 4-49 所示。

绘制电池 ICON

图 4-49　电池 ICON

知识点拨

使用矩形工具、渐变填充工具、钢笔工具绘制背景；使用矩形工具、渐变填充工具制作电池效果；使用文本工具输入说明文字。

实现步骤

步骤 1： 按 Ctrl+N 组合键，新建一个文档。在属性栏的"页面度量"选项中组分别设置宽度为 190mm、高度为 190mm，按 Enter 键，页面尺寸显示为设置的大小。

步骤 2： 双击工具箱中的矩形工具，在绘图区绘制一个与页面大小相同的正方形，设置图形填充颜色为黑色，并去除图形的轮廓线，效果如图 4-50 所示。

步骤 3： 选择工具箱中的钢笔工具，在绘图区绘制一个不规则的图形，其中心点如图 4-51 所示。按 F11 键，打开"编辑填充"对话框，单击"渐变填充"按钮 ▦，将朝左箭头颜色的 CMYK 值设为（0,0,0,80），朝右箭头颜色的 CMYK 值设为（0,0,0,100），如图 4-52 所示，单击"确定"按钮，填充图形，并去除图形轮廓线，效果如图 4-53 所示。使用相同的方法绘制其他图形，将朝左箭头颜色的 CMYK 值设为（0,0,0,100），朝右箭头颜色的 CMYK 值设为（0,0,0,30），并选择全部对象，在属性栏中单击"组合对象"按钮 ▦，将对象组合，效果如图 4-54 所示。

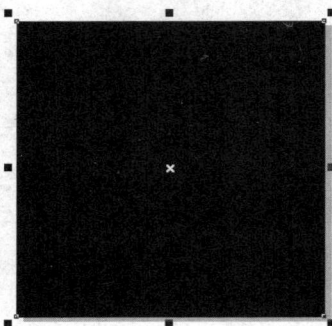

图 4-50　绘制黑色正方形　　　　　图 4-51　绘制不规则图形

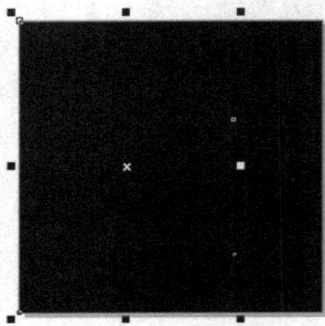

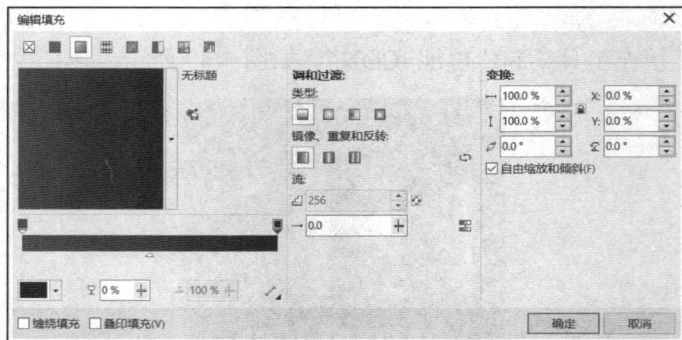

图 4-52　设置渐变填充 1

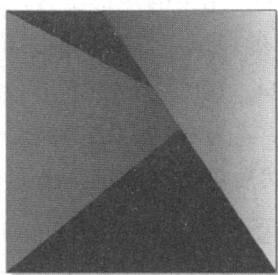

图 4-53　渐变填充的效果 1　　　　　　图 4-54　背景效果图

步骤 4：选择工具箱中的矩形工具，设置左、右下角的转角半径为 2.5mm，在绘图区绘制一个圆角矩形，如图 4-55 所示。按 F11 键，打开"编辑填充"对话框，单击"渐变填充"按钮，在"节点位置"选项中分别添加并输入 0、24、43、82、100 几个位置点，单击左下角的"节点颜色"按钮，分别设置几个位置点颜色的 CMYK 值为 0（44,35,33,0）、24（0,0,0,0）、43（62,55,52,1）、82（44,35,33,0）、100（76,70,67,33），其他选项的设置如图 4-56 所示。然后单击"确定"按钮，填充图形，并去除图形轮廓线，效果如图 4-57 所示。

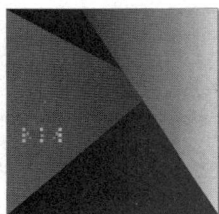

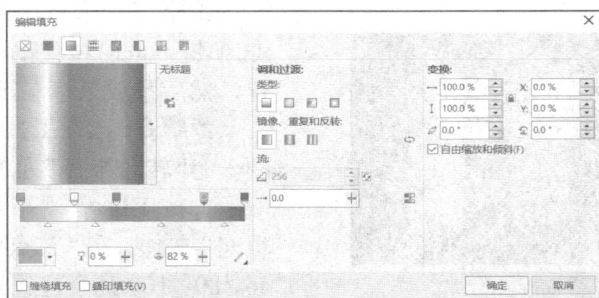

图 4-55　绘制圆角矩形　　　　　　　　图 4-56　设置渐变填充 2

步骤 5：选择工具箱中的选择工具，选中矩形，按住 Shift 键，同时按住鼠标左键，垂直向上拖动矩形到适当位置，然后释放鼠标左键。单击属性栏中的"垂直翻转"按钮，效果如图 4-58 所示。使用相同方法绘制其他图形，效果如图 4-59 所示。

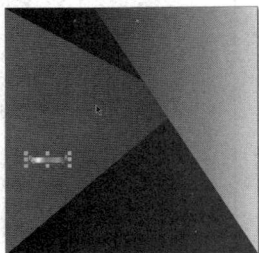

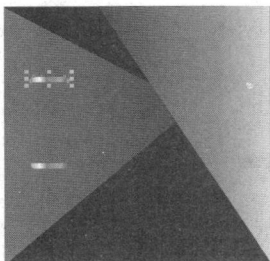

图 4-57　渐变填充的效果 2　　　图 4-58　复制圆角矩形后的效果　　　图 4-59　绘制其他图形的效果

步骤6：选择工具箱中的矩形工具，在绘图区绘制一个矩形，绘制效果如图 4-60 所示。按 F11 键，打开"编辑填充"对话框，单击"渐变填充"按钮，在"节点位置"选项中分别添加并输入 0、24、100 几个位置点，单击左下角的"节点颜色"按钮，分别设置几个位置点颜色的 CMYK 值为 0（28,22,21,0）、24（0,0,0,0）、100（53,46,42,0），其他选项的设置如图 4-61 所示。然后单击"确定"按钮，填充图形，并去除图形的轮廓线。按 Ctrl+G 组合键组合对象，效果如图 4-62 所示。

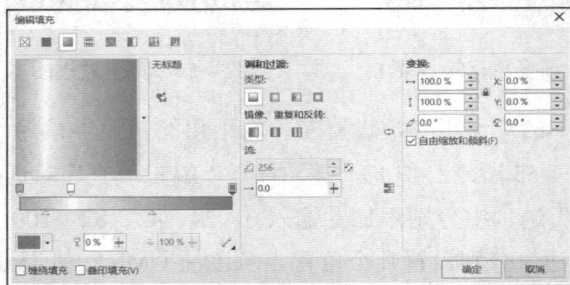

图 4-60　绘制矩形　　　　图 4-61　设置渐变填充 3　　　　图 4-62　电池的绘制效果

图 4-63　复制第二个电池后的效果

步骤7：选择工具箱中的选择工具，选中电池，按住 Shift 键，同时按住鼠标左键，水平向右拖动电池到适当位置，然后释放鼠标左键，效果如图 4-63 所示。

步骤8：选择工具箱中的矩形工具，在第二个电池上绘制一个"转角半径"为 1mm 的圆角矩形，绘制效果如图 4-64 所示。按 F11 键，打开"编辑填充"对话框，单击"渐变填充"按钮，在"节点位置"选项中分别添加并输入 0、24、46、80、100 几个位置点，单击左下角的"节点颜色"按钮，分别设置几个位置点颜色的 CMYK 值为 0（44,100,100,18）、24（0,39,16,0）、46（44,100,100,21）、80（28,99,95,0）、100（42,100,100,13），其他选项的设置如图 4-65 所示。然后单击"确定"按钮，填充图形，并去除图形的轮廓线，效果如图 4-66 所示。

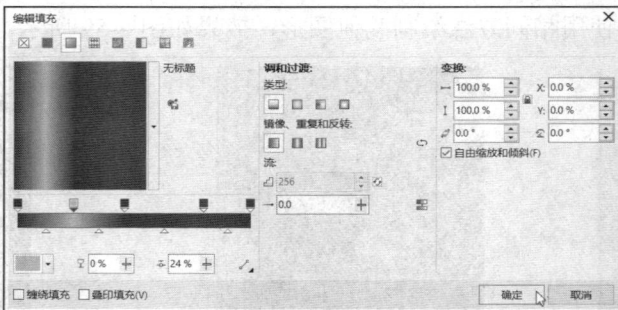

图 4-64　绘制圆　　　　图 4-65　设置渐变填充 4　　　　图 4-66　电池电量的
　　角矩形　　　　　　　　　　　　　　　　　　　　　　　　　绘制效果

步骤 9：使用与步骤 7 相同的方法，复制出第三个电池，效果如图 4-67 所示。使用选择工具选中第三个电池上的红色圆角矩形，按 F11 键，打开"编辑填充"对话框，单击左下角的"节点颜色"按钮，分别设置几个位置点颜色的 CMYK 值为 0（16,33,100,0）、24（0,6,60,0）、46（0,73,100,0）、80（6,43,99,0）、100（10,69,100,0），其他选项的设置如图 4-68 所示。然后单击"确定"按钮，填充图形，并去除图形的轮廓线，效果如图 4-69 所示。垂直向上拖动复制新的黄色圆角矩形，结果如图 4-70 所示。

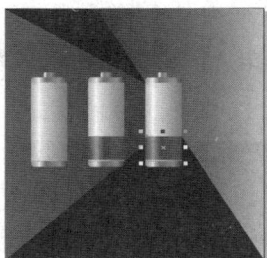

图 4-67　复制第三个电池的效果　　　　图 4-68　设置渐变填充 5

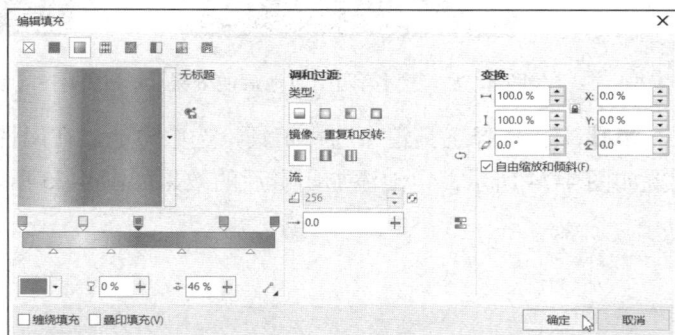

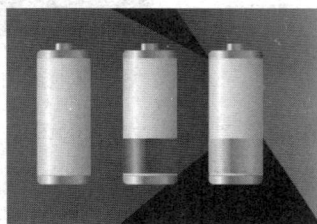

图 4-69　渐变填充的效果 3　　　　图 4-70　复制电池电量后的效果 1

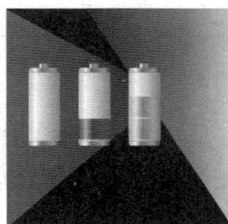

步骤 10：使用同样的方法绘制出第四个电池，分别设置几个位置点颜色的 CMYK 值为 0（78,0,100,0）、24（54,0,74,0）、46（87,33,100,0）、80（77,0,100,0）、100（87,31,97,0），其他选项的设置如图 4-71 所示，然后单击"确定"按钮，填充图形，并去除图形的轮廓线，效果如图 4-72 所示。垂直向上拖动复制出两个新的绿色圆角矩形，按 Ctrl+G 组合键组合对象，效果如图 4-73 所示。

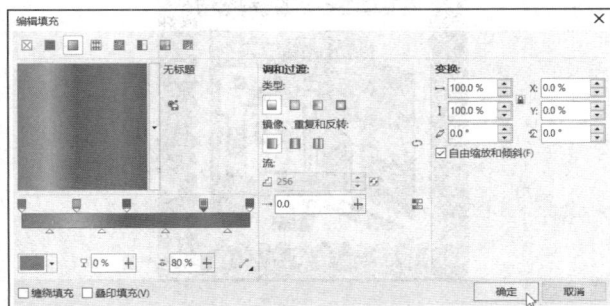

图 4-71　设置渐变填充 6

图 4-72　复制第四个电池后的效果　　　图 4-73　复制电池电量后的效果 2

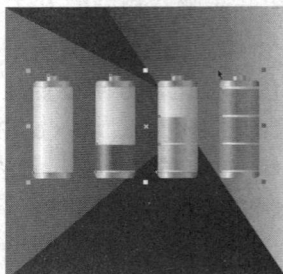

步骤 11：选择工具箱中选择工具，选中电池，在属性栏中单击"阴影"按钮 🔲，参数设置如图 4-74 所示，电池添加阴影后的效果如图 4-75 所示。

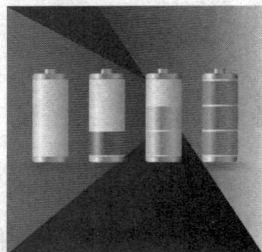

图 4-74　属性栏设置　　　　　　　　　图 4-75　电池添加阴影后的效果

步骤 12：选择工具箱中的文本工具，在绘制区相应位置输入需要的文字。然后选择工具箱中的选择工具，在属性栏中选择合适的字体并设置文字大小 Exotc350 DmBd BT ▾ 65 pt 。在 CMYK 调色板中的"白"色块上单击，填充文字。至此，"电池 ICON"绘制完成，最终效果如图 4-49 所示。

课堂案例 2：绘制邮票

案例目标
使用编辑填充工具绘制邮票，如图 4-76 所示。

图 4-76　邮票

知识点拨

使用椭圆形工具、交互式填充工具、矩形工具等绘制背景；使用钢笔工具、椭圆形工具制作邮票轮廓；使用编辑填充工具填充颜色。

实现步骤

步骤 1：按 Ctrl+N 组合键，新建一个页面。在属性栏的"页面度量"选项中分别设置宽度为 190mm、高度为 190mm，按 Enter 键，页面尺寸显示为设置的大小。

步骤 2：选择工具箱中的矩形工具，在绘图区中心绘制一个长宽均为 148mm 的矩形；选择工具箱中的椭圆形工具，绘制一个直径为 10mm 的圆形，并填充为黑色，然后复制第二个圆到相应位置，效果如图 4-77 所示。同时选中两个黑色圆形，选择工具箱中的调和工具，设置如图 4-78 所示。复制调和，组成正方形，黑色圆形的边框效果如图 4-79 所示。

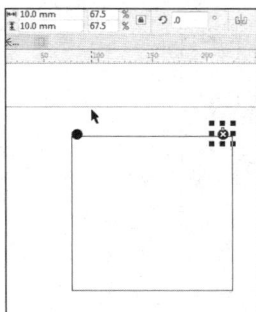

图 4-77 绘制矩形和圆形	图 4-78 调和黑色圆形	图 4-79 黑色圆形的边框效果

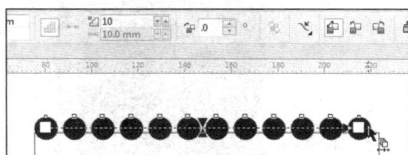

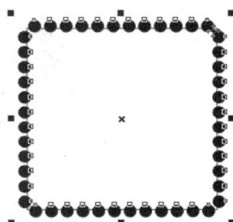

步骤 3：同时选中上边调和圆形和大矩形，单击属性栏中的"简化"按钮 ，删除黑色调和圆，效果如图 4-80 所示。使用相同的方法简化出其他 3 条边框，制成邮票边框效果，如图 4-81 所示。

图 4-80 简化后的边框效果	图 4-81 "简化"后的邮票边框效果

步骤 4：选择工具箱中的矩形工具，在绘图区正中心绘制一个长宽均为 125mm 的矩形，如图 4-82 所示。

步骤 5：选择工具箱中的椭圆形工具，绘制 3 个外轮廓宽度为 2mm 的椭圆形，效昊如图 4-83 所示。选择最前面的椭圆，按 F11 键，打开"编辑填充"对话框，单击"双色图样填充"按钮 ，设置填充颜色为黑色和橙色，橙色设置填充颜色 RGB 值为（248,88,40），如图 4-84 所示，并进行图形内部变换。

图 4-82　绘制正方形

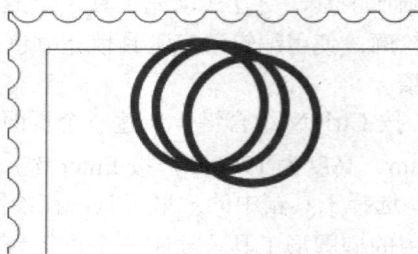

图 4-83　绘制椭圆形

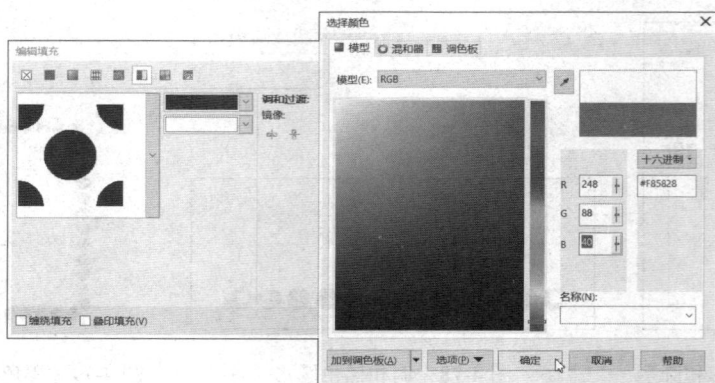

图 4-84　设置双色图样填充 1

步骤 6：使用相同的方法设置其他两个椭圆，其中双色填充纹样颜色设置 RGB 值为（252,195,175），并进行图形内部变换，如图 4-85 所示；浅橙色设置颜色 RGB 值为（247,130,25），双色图样填充的效果如图 4-86 所示。

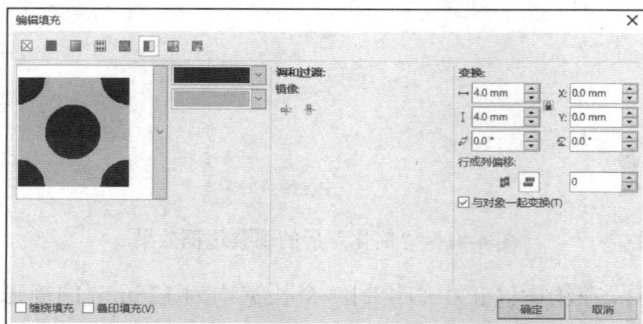

图 4-85　设置双色图样填充 2

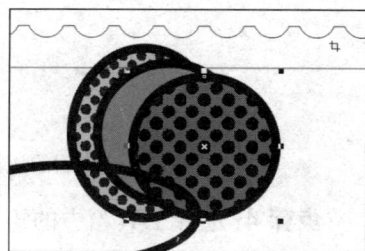

图 4-86　双色图样填充的效果 1

步骤 7：利用矩形工具、椭圆形工具和钢笔工具绘制出所有图形，绘制效果如图 4-87 所示。

图 4-87　图形绘制效果

步骤 8：利用图层顺序，填充波浪形颜色，选择工具箱中的钢笔工具，绘制白色波浪，并使用形状工具调整形状，如图 4-88 所示。

图 4-88　绘制波浪

步骤 9：选中右上角矩形，按 F11 键，打开"编辑填充"对话框，单击"双色图样填充"按钮，单击图案右侧的下拉按钮，在弹出的下拉列表中选择图案▏▏▏▏，设置填充颜色为黑色和蓝色，蓝色设置填充颜色 RGB 值为（181,223,237），并进行图形内部变换，如图 4-89 所示。将相同的图样填充图形进行填充，效果如图 4-90 所示。

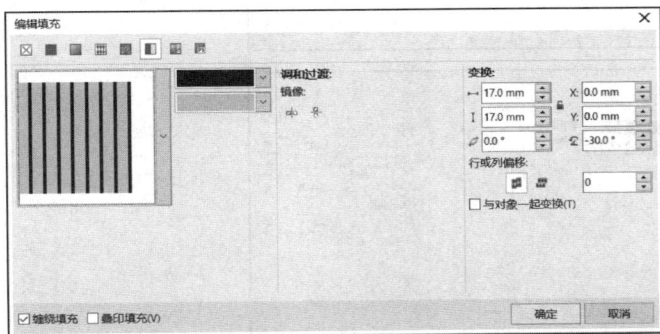

图 4-89　设置双色图样填充 3

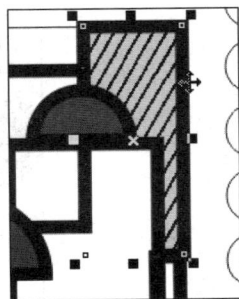

图 4-90　双色图样填充的效果 2

步骤10：利用相同方法对其他图形进行填色，棕色设置填充颜色 RGB 值为（142,95,87），并进行图形内部变换，如图 4-91 所示；浅灰色设置填充颜色 RGB 值为（215,215,215），并进行图形内部变换，如图 4-92 所示；灰色设置填充颜色 RGB 值为（149,149,149），并进行图形内部变换，如图 4-93 所示。

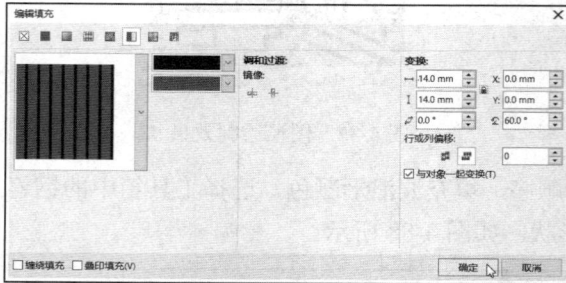

图 4-91　设置双色图样填充 4

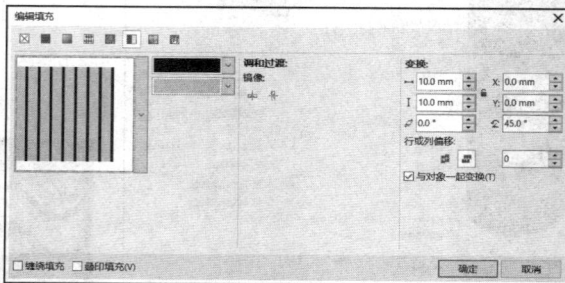

图 4-92　设置双色图样填充 5

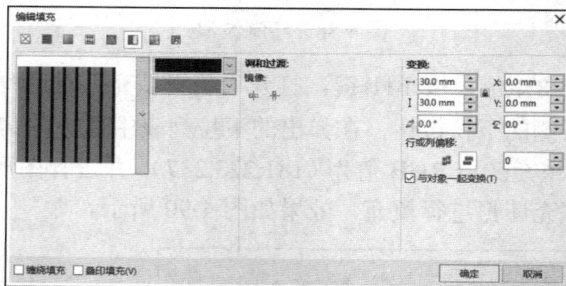

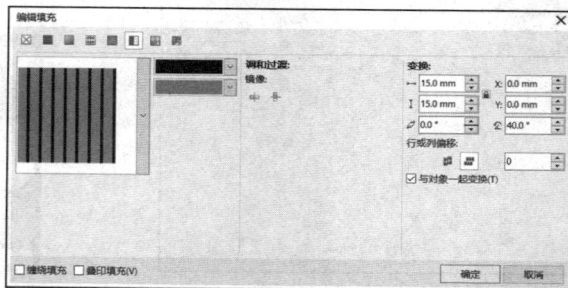

图 4-93　设置双色图样填充 6

步骤 11： 利用编辑填充中的双色图样填充、均匀填充等工具，对其他图形进行填充设置，深蓝色的 RGB 值为（5,92,198），填充效果如图 4-94 所示。

图 4-94　颜色填充后的效果

步骤 12： 选择裁剪工具 中的"刻刀"工具 ，按住 Shift 键对超出 125mm 正方形部分进行切割，如图 4-95 所示；删除多余部分，然后对露白部位进行调整，效果如图 4-96 所示。

步骤 13： 选择邮票背景，填为白色，调整顺序为"到图层后面"，效果如图 4-97 所示。

图 4-95　切割图形　　　　图 4-96　露白后效果　　　　图 4-97　调整图层顺序后效果

步骤 14： 选择工具箱中的矩形工具，绘制一个与邮票背景大小一样的正方形，填充为黑色，调整顺序为"到图层后面"，至此，邮票绘制完成，最终效果如图 4-76 所示。

课堂案例 3：绘制高铁 LOGO

案例目标

学习使用轮廓和填充工具绘制高铁 LOGO，如图 4-98 所示。

绘制高铁 LOGO

图 4-98　高铁 LOGO

知识点拨

使用钢笔工具、形状工具绘制高铁轮廓；使用矩形工具、填充工具、钢笔工具绘制高铁效果；使用文本工具输入说明文字。

实现步骤

步骤 1： 按 Ctrl+N 组合键，新建一个页面，在属性栏的"页面度量"选项中分别设置页面宽度为 280mm、高度为 210mm，按 Enter 键，页面尺寸显示为设置的大小。

步骤 2：选择工具箱中的钢笔工具，在绘图区绘制一个高铁大体轮廓图形，如图 4-99 所示。选择工具箱中的形状工具，调整形状，效果如图 4-100 所示。

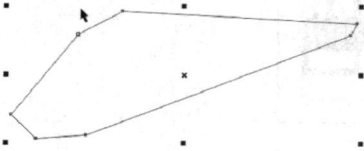
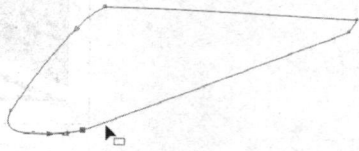

图 4-99 绘制高铁轮廓   图 4-100 调整形状后的效果

步骤 3：选择工具箱中的钢笔工具，在轮廓图上绘制出一条曲线，然后单击属性栏中的"闭合曲线"按钮 ⏎，效果如图 4-101 所示。

步骤 4：选择工具箱中的钢笔工具，绘制窗口，并结合工具箱中的形状工具进行调整，效果如图 4-102 所示。

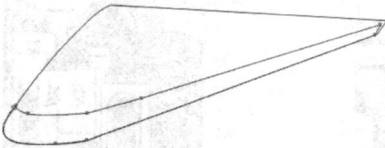
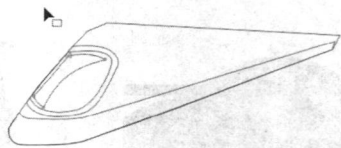

图 4-101 绘制曲线并闭合   图 4-102 绘制窗口

步骤 5：选择工具箱中的选择工具，选择步骤 3 中绘制的形状，按 F11 键，打开"编辑填充"对话框，单击"均匀填充"按钮 ▦，设置颜色的 RGB 值为（220,24,36），填充颜色后的效果如图 4-103 所示。

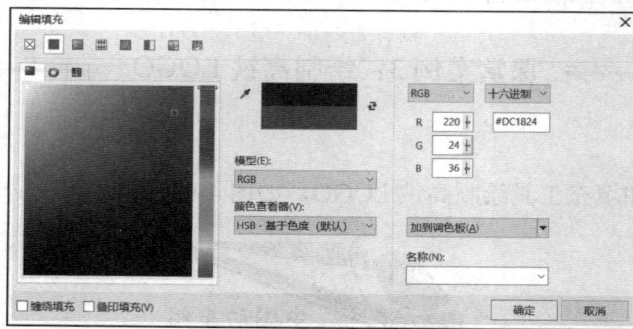

（a）

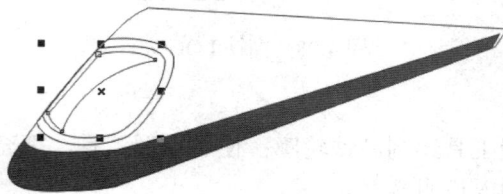

（b）

图 4-103 均匀填充的设置及效果

步骤 6： 选择工具箱中的选择工具，选择窗口外轮廓，按 F11 键，打开"编辑填充"对话框，单击"均匀填充"按钮，设置红色轮廓颜色的 RGB 值为（193,32,40），如图 4-104 所示；依次填充玻璃颜色 RGB 值为（26,113,184）和反光颜色 RGB 值为（34,164,224），如图 4-105 所示；填充颜色后的效果如图 4-106 所示。

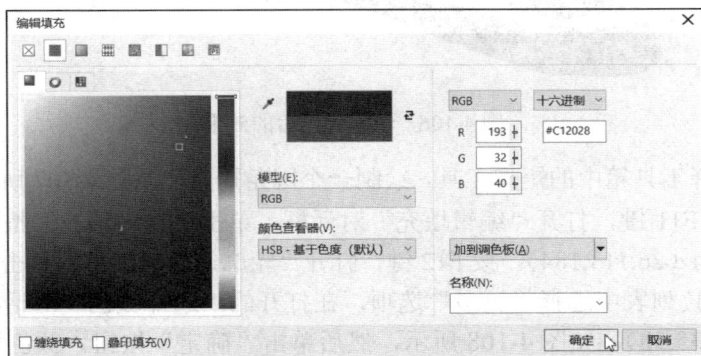

图 4-104　设置红色轮廓

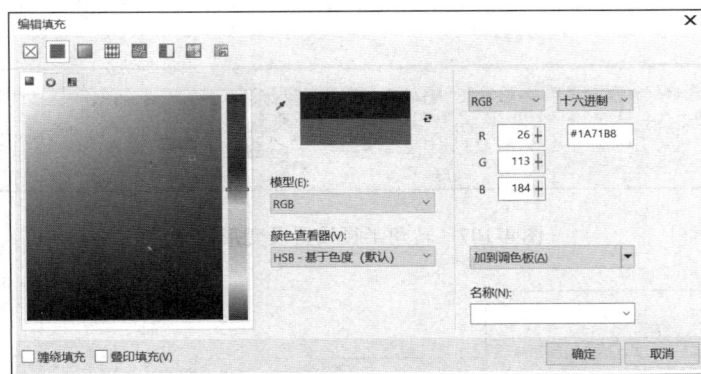

（a）

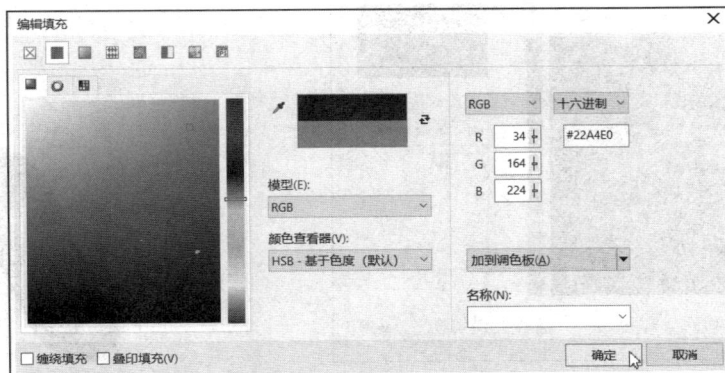

（b）

图 4-105　设置玻璃和反光颜色

图 4-106　填充颜色后的效果

步骤 7：选择工具箱中的矩形工具，绘制一个圆角矩形，如图 4-107 所示。将圆角矩形倾斜变形后，按 F11 键，打开"编辑填充"对话框，单击"均匀填充"按钮，设置填充玻璃颜色 RGB 值为（26,113,184）。按 F12 键，打开"轮廓笔"对话框，单击"颜色"下拉按钮，在弹出的下拉列表中选择"更多"选项，在打开的"选择颜色"对话框中设置颜色的 RGB 值为（140,35,50），如图 4-108 所示，然后单击"确定"按钮。颜色填充后的效果如图 4-109 所示。

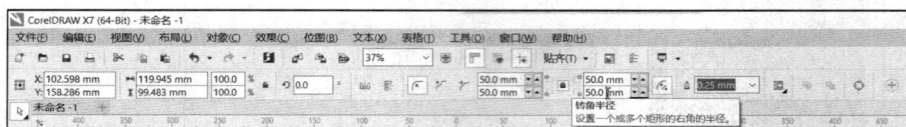

图 4-107　转角半径设置及变形效果

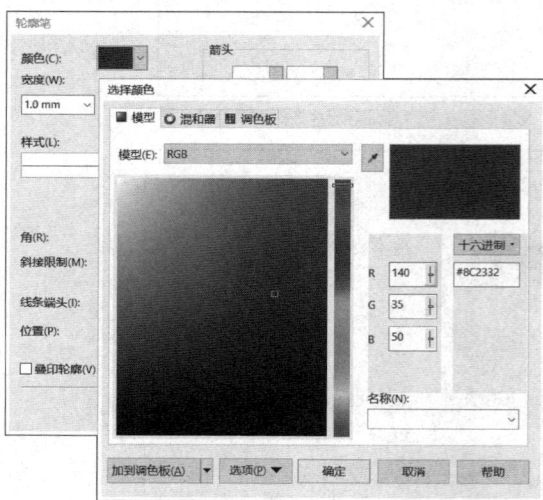

图 4-108　设置颜色 RGB 值

图 4-109　填充效果

步骤 8：选择工具箱中的钢笔工具，绘制舱门，如图 4-110 所示。按 F11 键，打开"编辑填充"对话框，单击"均匀填充"按钮，设置填充颜色 RGB 值为（193,32,40）；按 F12

键，打开"轮廓笔"对话框，单击"颜色"下拉按钮，在弹出的下拉列表中选择"更多"选项，在打开的"选择颜色"对话框中设置颜色的 RGB 值为（140,35,50），然后单击"确定"按钮。颜色填充后的效果如图 4-111 所示。

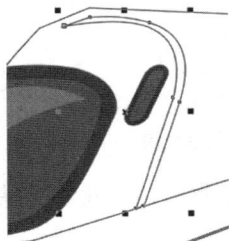

图 4-110　绘制舱门　　　　　　图 4-111　舱门填充后效果

步骤 9：使用相同的方法绘制车窗、车底等图形，取消外轮廓颜色，并选中全部对象，在属性栏中单击"组合对象"按钮 ▦，将对象组合。高铁主体效果如图 4-112 所示。

图 4-112　高铁主体效果

步骤 10：选择工具箱中的艺术笔工具，绘制轨道，如图 4-113 所示。绘制两条轨道后的效果如图 4-114 所示。

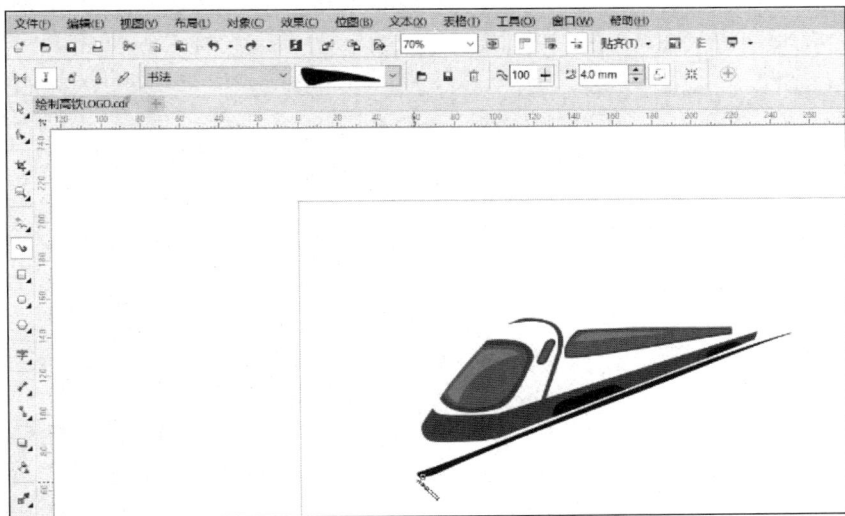

图 4-113　使用艺术笔工具绘制轨道

图 4-114　绘制两条轨道后的效果

步骤 11：选择工具箱中的文本工具，输入文字并变形。至此，高铁 LOGO 绘制完成，最终效果如图 4-98 所示。

5 单元

图形的高级编辑

单元导读

　　CorelDRAW X7 提供了丰富的形状编辑工具，并收录在形状工具组中，包括自由变换、裁剪、刻刀、橡皮擦和虚拟线删除等，利用这些工具可以在路径中添加、删除节点，通过对路径上节点或控制点的编辑更改其形状。

学习目标

　　通过本单元的学习，应熟练掌握 CorelDRAW X7 中的自由变换工具、裁剪、刻刀、橡皮擦和虚拟线删除工具的使用方法和技巧，并能够熟练使用形状工具对图形节点进行编辑。

思政目标

　　1. 传承中华民族优秀传统文化，提高自身道德素养。
　　2. 培养精益求精、勇于创新、善于总结的工作习惯。

5.1　自由变换对象

CorelDRAW X7 提供了强大的图形对象编辑功能，包括对象的旋转、缩放、镜像和倾斜。本节将介绍多种编辑图形对象的方法和技巧。

在 CorelDRAW X7 中，新建一个图形对象时，一般图形对象呈选中状态，在对象的周围会出现选框，该选框是由 8 个控制手柄组成的，对象的中心有一个"X"形的中心标记。选择"选择"工具组中的自由变换工具，如图 5-1 所示，然后选中对象，如图 5-2 所示。

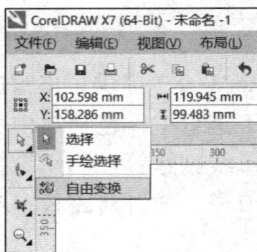

图 5-1　选择自由变换工具　　　　　图 5-2　选择对象

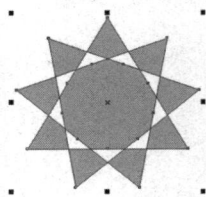

使用选择工具选择要缩放的对象，选择"窗口"→"泊坞窗"→"变换"→"大小"选项，如图 5-3 所示，或按 Alt+F10 组合键，打开"变换"对话框，如图 5-4 所示。

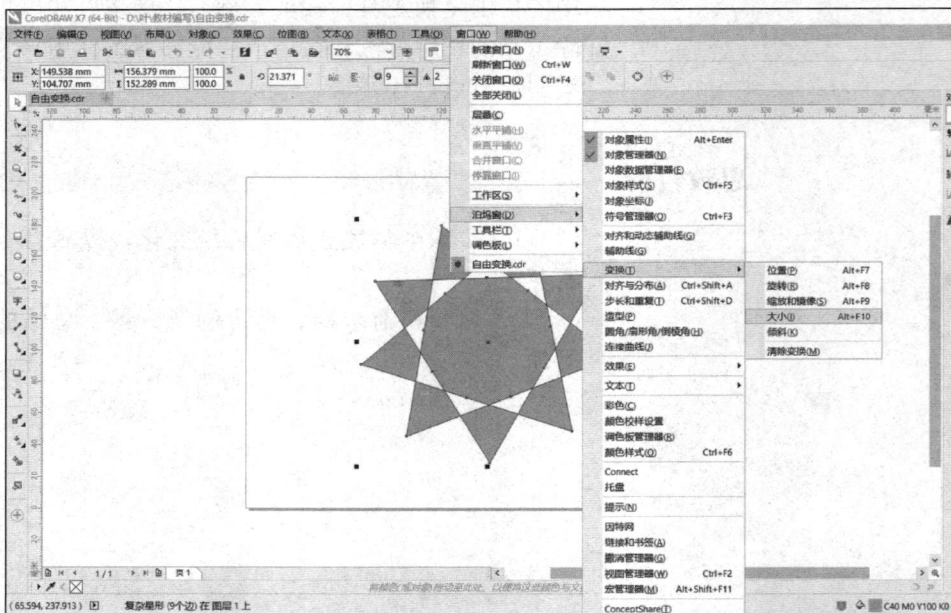

图 5-3　选择"大小"选项

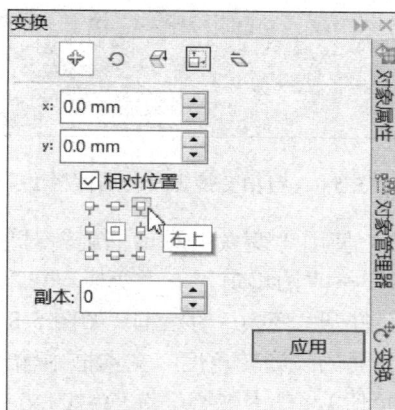

图 5-4 "变换"对话框 1

在"变换"对话框中，"相对位置"复选框下方是可供选择的选框控制手柄 8 个点的位置，单击其中一个按钮，可以定义一个在缩放对象时保持固定不动的点，缩放的对象将基于这个点缩放，这个点可以决定缩放后的图形与原图形的相对位置。

设置好所需数值，如图 5-5 所示，单击"应用"按钮，即可完成对象的变换，效果如图 5-6 所示。改变"副本"文本框中的数值可以改变复制出变换好后对象的个数。

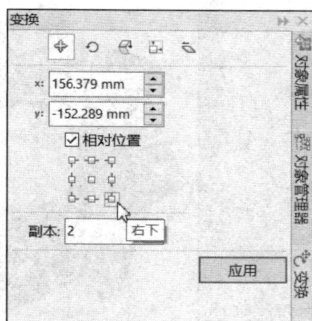

图 5-5　变换设置

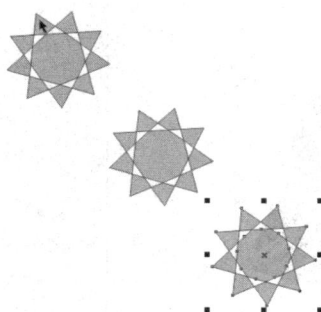

图 5-6　变换效果

选择"窗口"→"泊坞窗"→"变换"→"缩放和镜像"选项，或按 Alt+F9 组合键，打开的"变换"对话框，在该对话框中可以对对象进行缩放。

5.1.1　旋转对象

1）使用自由变换工具属性栏旋转对象。使用选择工具箱中的选择工具选中对象，在自由变换工具属性栏中的"旋转角度"文本框中输入数值（既可以是正值，也可以是负值）进行旋转，如图 5-7 所示。

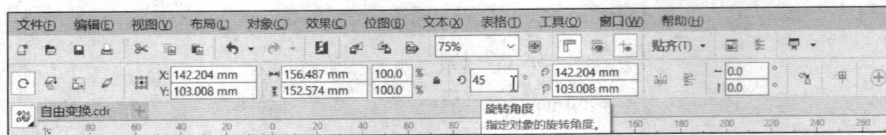

图 5-7　自由变换工具的属性栏 1

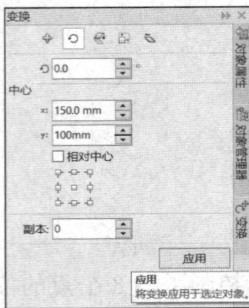

图 5-8　"变换"对话框 2

2）使用"变换"对话框旋转对象。选中要旋转的对象，选择"窗口"→"泊坞窗"→"变换"→"旋转"选项，或按 Alt+F8 组合键，打开"变换"对话框，如图 5-8 所示，在"变换"对话框"旋转"界面的"旋转角度"文本框中输入数值（既可以是正值，也可以是负值），在"中心"选项组的文本框中输入旋转中心的坐标位置，选中"相对中心"复选框，对象将以选中的旋转中心为中心进行旋转，如图 5-9 所示。如果需要旋转出多个副本，则在"副本"文本框中输入所需数值后，单击"应用"按钮即可，如图 5-10 所示。

图 5-9　旋转对象

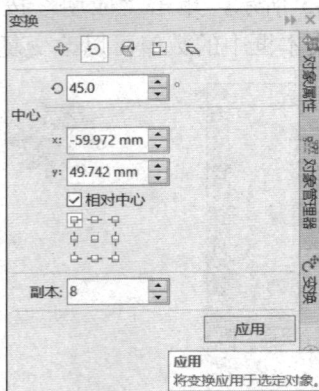

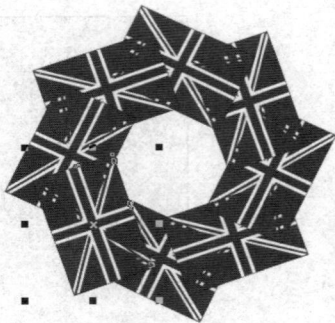

图 5-10　旋转副本的设置及其效果

5.1.2　镜像对象

1）单击自由变换工具属性栏中的"自由角度反射"按钮，如图 5-11 所示，选中对象并按住鼠标左键不放，拖动或旋转镜像轴的倾斜度，释放鼠标左键即可完成镜像操作。使用自由角度反射工具可以将对象按照任意一个角度镜像，也可以在镜像对象的同时复制对象。

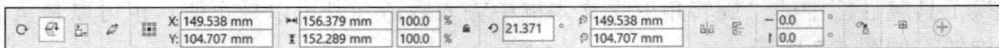

图 5-11　自由变换工具的属性栏 2

2）选中要镜像的对象，选择"窗口"→"泊坞窗"→"变换"→"缩放和镜像"选项，或按 Alt+F9 组合键，打开"变换"对话框，单击"水平镜像"（或"垂直镜像"）按钮，可以使对象沿水平方向（或垂直）镜像翻转。或者在"x""y"文本框中输入相应数值后，单击"应用"按钮，也可以实现对象的镜像。还可以选中"按比例"复选框，在"副本"文本框中输入相应数值，可产生对应数量的变形镜像对象，如图 5-12 所示。

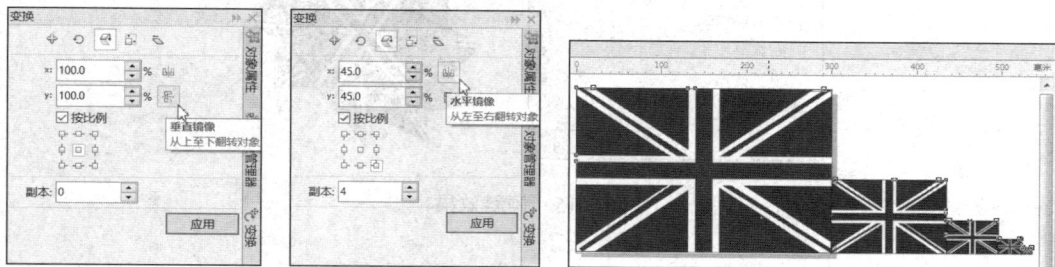

图 5-12　自由角度反射效果

5.1.3　缩放对象

选中需要缩放的对象，在自由变形工具属性栏中的"对象的大小"文本框中，输入对象的宽度和高度，如图 5-13 所示，按 Enter 键即可完成对象的缩放。缩放的效果如图 5-14 所示。如果选中"缩放因子"按钮，则宽度和高度将按比例缩放，只要改变宽度和高度中的一个值，另一个值就会自动按比例调整。

图 5-13　自由变换工具的属性栏 3

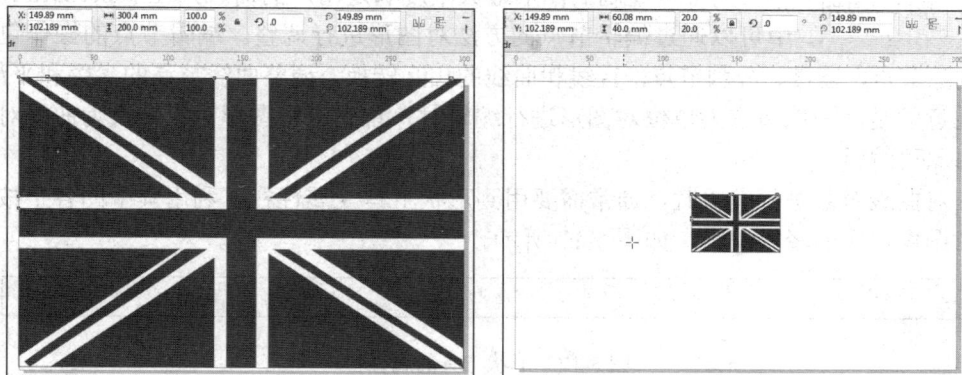

图 5-14　缩放的效果

5.1.4　倾斜对象

选中需要倾斜变形的对象，选择"窗口"→"泊坞窗"→"变换"→"倾斜"选项，打开"变换"对话框，在相关文本框中输入所需倾斜的角度值，然后单击"应用"按钮，对象即可产生倾斜变形，如图 5-15 所示。

图 5-15　倾斜效果

5.2　形状工具组

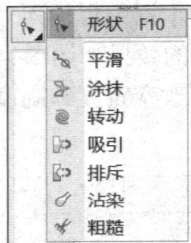

CorelDRAW X7 提供了形状工具组，利用该工具组，用户可以通过节点编辑曲线对象和文本字符，工具组为矢量绘图、位图编辑提供了重要支持。单击工具箱中形状工具右下角的折叠按钮，打开形状工具组，其中包括平滑、涂抹、转动、吸引、排斥、沾染、粗糙工具，如图 5-16 所示。

5.2.1　形状工具

图 5-16　形状工具组

为了使绘制的图形最大限度满足用户的需求，在 CorelDRAW X7 中可以通过编辑节点的方法对图形进行调整。编辑节点的操作包括添加、删除节点，连接、分割节点，直线和曲线的相互转换，调整曲线节点的尖突和平滑等。需要注意的是，在以节点为单位对图形进行编辑时，首先应将图形对象转换为曲线对象，以使对象可编辑。

在对曲线对象进行编辑时，通常需要用到形状工具 ▸ 属性栏，利用其中的各个按钮可实现对图像性质的轻松编辑，如图 5-17 所示。

图 5-17　形状工具的属性栏

将绘制或导入的图形对象转换为曲线对象的方法有以下 3 种。

1）选中图形对象后，选择"对象"→"转换为曲线"选项。

2）选中图形对象后，直接按 Ctrl+Q 组合键。

3）在图形对象上右击，在弹出的快捷菜单中选择"转换为曲线"选项。

提示

只有将图形对象转换为曲线对象后，才能激活形状工具属性栏。

5.2.2 平滑工具

通过沿对象轮廓拖动平滑工具 ，可去除凹凸的边缘并减少曲线对象的节点，使曲线对象变得平滑，如图 5-18 所示。

图 5-18 平滑工具的属性设置及使用效果

5.2.3 涂抹工具

使用涂抹工具能快速对图形进行修改，获得所需图形效果。涂抹工具的属性栏如图 5-19 所示。

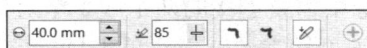

图 5-19 涂抹工具的属性栏

涂抹工具的使用方法是，选中需要调整形状的图形，选择工具箱中的涂抹工具 ，在其属性栏中设置笔尖半径、压力、笔压、涂抹形式等参数，涂抹参数设置完成后，在图像中从外向内拖动即可压缩笔刷涂抹的部分，从内向外拖动即可为图形延伸笔刷涂抹部分，并以与图形相同的颜色自动填充。如图 5-20 所示为使用涂抹工具调整猴子头发后的效果。

图 5-20 涂抹工具的使用及效果

5.2.4 转动工具

通过沿对象轮廓拖动转动工具 可为对象添加转动效果。转动工具的属性栏如图 5-21 所示。

图 5-21 转动工具的属性栏

转动工具的使用方法是，单击对象的边缘，按住鼠标左键，转动到所需位置后，松开鼠标左键即可。若定位转动及调整转动的形状，则在按住鼠标左键的同时进行拖动。图 5-22 所示为使用转动工具调整出绵羊羊毛卷后的效果。

图 5-22 转动工具的使用及其效果

5.2.5 吸引工具和排斥工具

吸引工具和排斥工具的属性栏如图 5-23 所示。

图 5-23 吸引工具和排斥工具的属性栏

吸引工具 是通过将节点吸引至鼠标指针处来调整对象形状的。

吸引工具的使用方法是，选中需要连接的两个或多个对象，选择工具箱中的吸引工具，在其属性栏中设置笔尖半径、速度等参数，然后单击目标连接点并按住鼠标左键不放，这些选中的对象会自动连接。

注意：目标连接点靠近哪个对象，将靠近哪边吸引连接。

图 5-24 所示为吸引工具的使用及效果。

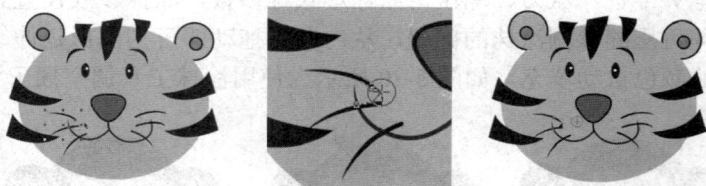

图 5-24 吸引工具的使用及其效果

排斥工具 和吸引工具 的作用原理相反，它是通过将节点推离鼠标指针处来调整对象形状的，其使用方法与吸引工具类似，这里不再赘述。排斥工具的使用及其效果如图 5-25所示。

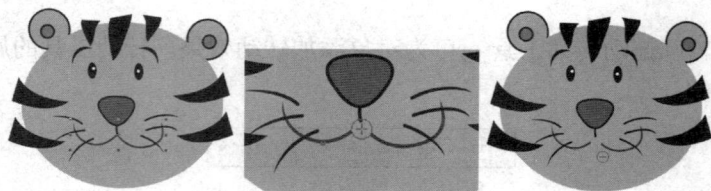

图 5-25 排斥工具的使用及其效果

5.2.6　沾染工具

沾染工具 可以用图形的填充属性来涂抹图形，从而使对象的轮廓线产生扭曲变形。用户可以控制对象扭曲的范围和形状，其属性栏如图 5-26 所示。

图 5-26　沾染工具的属性栏

如果需要涂抹选定对象的内部，则应单击该对象的外部并向内拖动；如果需要涂抹选定对象的外部，则应单击该对象的内部并向外拖动。

在"干燥"文本框中，可设置在涂抹对象的过程中笔尖的变化情况，其可设置的范围为-10～10：当设置为负值时，拖动鼠标的过程中笔尖将由细到粗逐渐增大；当设置为 0 时，笔尖将保持与当前的宽度一致；当设置为正值时，笔尖将由粗到细逐渐减小。

利用"笔倾斜"文本框可以更改所使用涂抹笔尖的方向，同时也会影响笔尖的形状，其可设置的范围为 1°～90°，参数值越大，笔尖将越接近于圆形。

利用"笔方位"文本框可以通过指定固定值来更改涂抹工具的方位，其可设置的范围为 0°～359°。

5.2.7　粗糙工具

利用粗糙笔刷可对图形进行粗糙化处理，使边缘产生一定的破碎、撕裂等效果。粗糙工具的属性栏如图 5-27 所示。

图 5-27　粗糙工具的属性栏

粗糙工具的使用方法是，选中需要调整形状的图形，选择工具箱中的粗糙工具 ，在其属性栏中设置笔尖半径、尖突的频率、干燥、笔倾斜等参数，以使粗糙笔刷能对图形进行更细致的调整。图 5-28 所示为使用粗糙工具调整后图片的边缘效果。

图 5-28　粗糙工具的使用及效果

5.3　裁剪和擦除对象

CorelDRAW X7 将裁剪工具、刻刀工具、橡皮擦工具、虚拟段删除工具收录在裁剪工具组中，以方便用户对图形进行快速调整。

5.3.1　裁剪工具

使用裁剪工具 ![icon] 可轻松将图形中需要的部分保留，不需要的部分删除。

裁剪工具的使用方法是，选择工具箱中的裁剪工具，当鼠标指针变为裁剪形状时，在图形上单击并拖动出裁剪控制框，框中部分为保留区域，在裁剪控制框内双击确认裁剪即可完成裁剪，如图 5-29 所示。

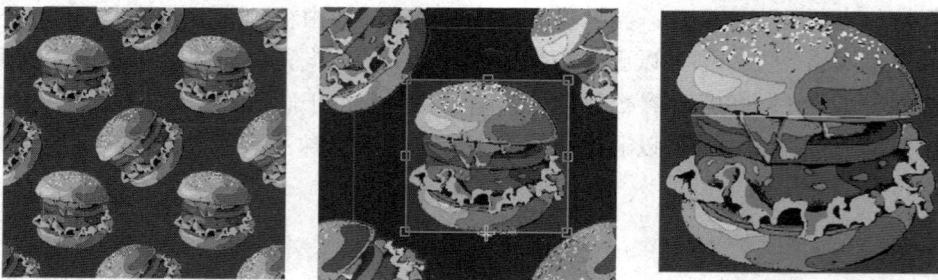

图 5-29　裁剪工具的使用及其效果

5.3.2　刻刀工具

刻刀工具 ![icon] 用于裁切对象，它只能对单一图形对象进行操作。

刻刀工具的使用方法是，选中对象后，选择工具箱中的刻刀工具，在图形对象的一个边缘位置单击并拖动鼠标，当鼠标指针移至图形的另一个边缘时，裁剪部分自动闭合，此时使用选择工具即可移动裁切出的区域。图 5-30 所示为使用刻刀工具裁切对象的效果图。

图 5-30　刻刀工具的使用及其效果

5.3.3　橡皮擦工具

橡皮擦工具用于自由擦除对象，可以擦除图形对象中的图像。与刻刀工具一样，橡皮擦工具也只能对单一图形对象进行操作。需要注意的是，橡皮擦工具擦除后的区域会生成子路径，其属性栏如图 5-31 所示。

橡皮擦工具的使用方法是，选择工具箱中的橡皮擦工具 ，在其属性栏中设置橡皮擦厚度和形状，然后在图形中需要擦除的部分单击并拖动鼠标即可擦除相应的区域。图 5-32 所示为使用橡皮擦工具擦除部分背景图像后的效果。

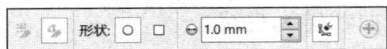

图 5-31　橡皮擦工具的属性栏　　　　　图 5-32　橡皮擦工具的使用及其效果

5.3.4　虚拟段删除工具

利用虚拟段删除工具可以通过单击或拖动鼠标来删除重叠区域或不重叠区域中不必要的单位线段。

虚拟段删除工具的使用方法是，选择工具箱中的虚拟段删除工具 ，在图形中需要删除的部分单击并拖动鼠标，绘制出矩形框，然后释放鼠标左键即可将框内的线段删除。需要注意的是，使用虚拟段删除工具可用于群组后的对象，仅对位图无效。图 5-33 所示为使用虚拟段删除工具绘制青蛙的效果图。

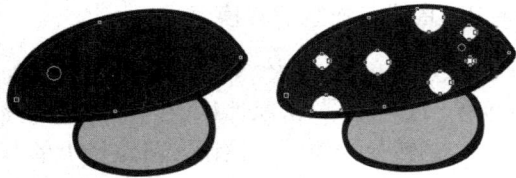

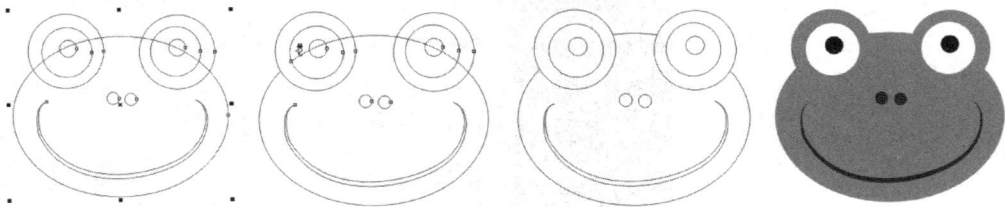

图 5-33　虚拟段删除工具的使用及其效果

5.4　图形节点的编辑

5.4.1　节点类型的转换

在 CorelDRAW X7 中，节点分为 3 种类型，即对称节点、平滑节点和尖突节点。

1）对称节点：两个控制点的控制线长度是相同的，即调整其中一个控制点时，另一个控制点将以相同的比例进行调整。

2）平滑节点：两个控制点的控制线长度可以不相同，即调整其中一个控制点时，另一个控制点将以相应的比例进行调整，以保持曲线的平滑。

3）尖突节点：两个控制点可以相互独立，即调整其中一个控制点时，另一个控制点保持不变。

当选择的节点为平滑节点或对称节点时，单击属性栏中的"尖突节点"按钮 ，可将节点转换为尖突节点；当选择的节点为尖突节点或对称节点时，单击属性栏中的"平滑节点"按钮，可将节点转换为平滑节点；当选择的节点为尖突节点或平滑节点时，单击属性栏中的"对称节点"按钮，可将节点转换为对称节点。

5.4.2 直线与曲线的转换

在 CorelDRAW X7 中，可以将直线和曲线进行相互转换，具体操作方法为，选中需要转换的节点后，单击属性栏中的"转换为线条"按钮或"转换为曲线"按钮即可。

1）"转换为线条"按钮：将路径上的节点由平滑曲线转为直线。

2）"转换为曲线"按钮：将路径上的节点由直线转为平滑曲线。

5.4.3 节点的连接与分割

如果要在使用曲线绘制的图形上填充颜色，则需要将断开的曲线连接起来。有时为了方便编辑，也可以将连接的曲线进行分割，以便对各段曲线进行单独调整。进行节点的连接时需注意，应先同时选中需要连接的两个节点，然后单击属性栏中的"连接两个节点"按钮；分割曲线时，则应选中一个节点并右击，在弹出的快捷菜单中选择"拆分"选项，如图 5-34 所示。

图 5-34　选择"拆分"选项

1）"连接两个节点"按钮：将曲线上两个开放的节点连接起来，使其成为一个闭合曲线。

2）"断开曲线"按钮：将闭合曲线上的两个节点分开。

5.4.4 移动、添加和删除节点

一个图形上的节点数目会直接影响其形状，通过编辑对象上的节点可以对图形形状进行精确控制，使制作出的图形更加美观。

添加节点的方法：将图形对象转换为曲线对象，选择工具箱中的形状工具，此时对象上出现节点，将鼠标指针移至对象上对应位置并双击（或右击），在弹出的快捷菜单中选择"添加"选项即可，如图 5-35 所示。

删除节点的方法：选中需要删除的节点，然后在其上双击，或单击属性栏中的"删除节点"按钮即可，如图 5-36 所示。

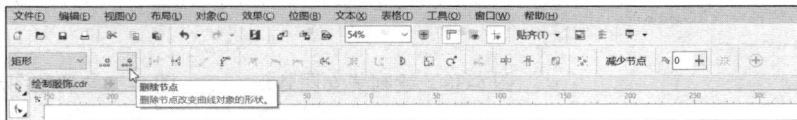

图 5-35 右键添加节点   图 5-36 属性栏删除节点

1）"添加节点"按钮 ：在对象原有的节点上添加新的节点。

2）"删除节点"按钮 ：在对象上将多余或不需要的节点删除。

课堂案例 1：绘制美女图

案例目标

学习使用形状工具组绘制美女图，如图 5-37 所示。

绘制美女图

图 5-37 美女图

知识点拨

使用钢笔工具、形状工具绘制美女外轮廓；使用沾染工具、排斥工具、涂抹工具、转动工具等制作所有轮廓效果；使用填充工具进行颜色填充。

实现步骤

步骤 1：按 Ctrl+N 组合键，新建一个页面。在属性栏的"页面度量"选项中分别设置宽度为 200mm、高度为 200mm，按 Enter 键，页面尺寸显示为设置的大小。

步骤 2：选择工具箱中的钢笔工具，在绘图区中绘制一个近似美女图外轮廓的不规则图形，如图 5-38 所示。使用工具箱中的形状工具对图形进行调整，效果如图 5-39 所示。

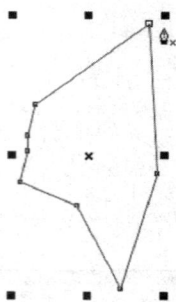

图 5-38 绘制美女图外形   图 5-39 调整图形

步骤 3：选中图形，单击颜色面板中的红色块，设置颜色 CMYK 值为（0,100,100,0），对图形进行颜色填充。选择工具箱中的沾染工具，在眼睛部位沾染出睫毛，如图 5-40 所示。然后使用同样方法沾染出其他两根睫毛，并利用工具箱中的形状工具进行调整，如图 5-41 所示。使用相同的方法调整所有睫毛，效果如图 5-42 所示。

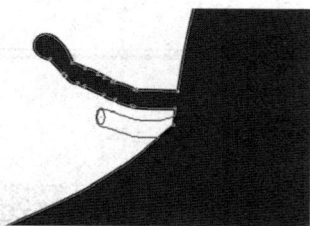

图 5-40 沾染出睫毛   图 5-41 调整睫毛形状   图 5-42 调整后的睫毛效果

步骤 4：单击颜色面板中的"无填充"按钮，去除图形的填充色。选择工具箱中的排斥工具，设置笔尖半径为 40mm，对图形进行排斥变形，效果如图 5-43 所示。

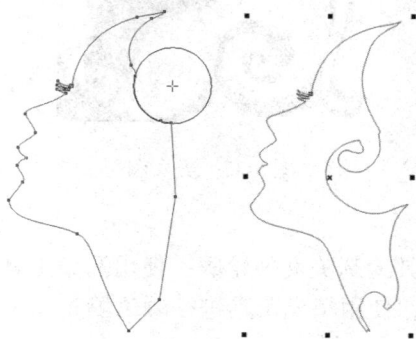

图 5-43 排斥变形设置及其效果

步骤 5：选择工具箱中的涂抹工具，属性设置如图 5-44 所示，并在如图 5-45 所示的轮廓位置上进行涂抹。选择工具箱中的转动工具，对角进行旋转，配合形状工具调整最后的形状，效果如图 5-46 所示。

步骤 6：选择工具箱中的形状工具，对形状进行调整，效果如图 5-47 所示。

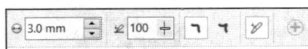

图 5-44 设置涂抹属性　　图 5-45 涂抹位置　　图 5-46 转动调整后的　　图 5-47 形状调整
　　　　　　　　　　　　　　　　　　　　　　　　　　　效果　　　　　　　　后的效果 1

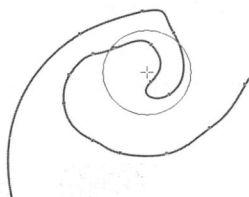

步骤 7： 选择工具箱中的沾染工具，设置笔尖半径为 5mm，对形状进行减法，如图 5-48
所示。选择工具箱中的形状工具，对形状进行调整，效果如图 5-49 所示。

步骤 8： 选中图形，单击颜色面板中的红色块，设置颜色 CMYK 值为（0,100,100,0）
对图形进行颜色填充，效果如图 5-50 所示。

图 5-48 对形状进行减法　　　图 5-49 形状调整后的效果 2　　　图 5-50 填充颜色后的效果

步骤 9： 选择工具箱中的艺术笔工具，其属性设置如图 5-51 所示。绘制头发，如图 5-52
所示，然后右击，在弹出的快捷菜单中选择"拆分艺术笔组"选项，如图 5-53 所示。删除
画笔路径，选择工具箱中的形状工具，对形状进行调整，效果如图 5-54 所示。

图 5-51 艺术笔的属性设置

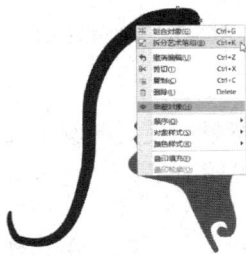

图 5-52 绘制头发　　　　图 5-53 拆分艺术笔组　　　　图 5-54 形状调整后的效具 3

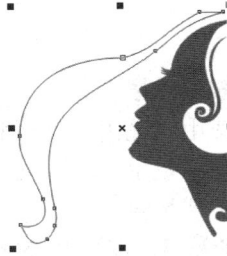

步骤 10：使用相同的方法绘制其他图形，并选中全部对象，在属性栏中单击"组合对象"按钮▦，将对象组合，效果如图 5-55 所示。

步骤 11：选择工具箱中的艺术笔工具，使用相同的方法，配合使用工具箱中的形状工具绘制图形，如图 5-56 所示。

步骤 12：选择工具箱中的钢笔工具，绘制图形，选择工具箱中的形状工具，对形状进行调整，效果如图 5-57 所示。

图 5-55　组合对象后的效果　　　　图 5-56　绘制图形　　　　图 5-57　形状调整后的效果 4

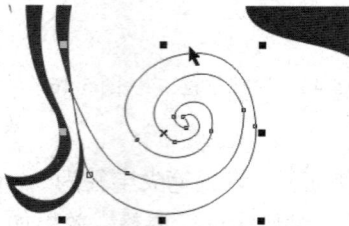

步骤 13：选中上面绘制的图形，单击颜色面板中的红色块，设置颜色 CMYK 值为（0,100,100,0），对图形进行颜色填充。至此，美女图绘制完成，效果如图 5-37 所示。

课堂案例 2：绘制刺猬

案例目标

学习使用形状工具组绘制刺猬，如图 5-58 所示。

绘制刺猬

图 5-58　刺猬效果图

知识点拨

使用钢笔工具、形状工具绘制背景；使用椭圆工具、排斥工具、造形工具、填充工具制作刺猬效果；使用文本工具输入说明文字。

实现步骤

步骤 1：按 Ctrl+N 组合键，新建一个页面。在属性栏的"页面度量"选项中分别设置宽度为 297mm、高度为 210mm，按 Enter 键，页面尺寸显示为设置的大小。

步骤 2：选择工具箱中的矩形工具，绘制一个宽度为 202mm、高度为 186mm 的菱形，如图 5-59 所示。将直线转换为曲线后，使用工具箱中的形状工具，对图形进行调整，并设置外轮廓线颜色的 CMYK 值为（20,100,100,0），效果如图 5-60 所示。

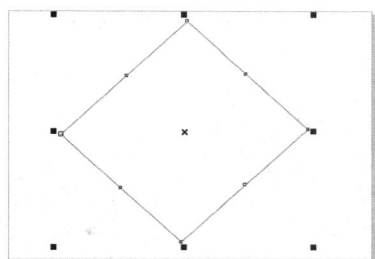

图 5-59 绘制菱形

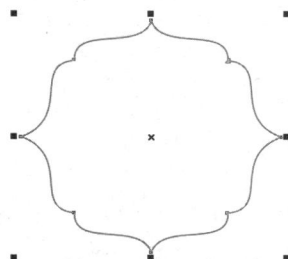

图 5-60 设置外轮廓线的颜色

步骤 3：选择工具箱中的选择工具，按 Ctrl+C 组合键复制一个新的轮廓，按 Ctrl+V 组合键将复制的轮廓粘贴在原始位置。然后按住 Shift 键的同时拖动角点同心缩放一个新的轮廓，如图 5-61 所示。

步骤 4：选择工具箱中的椭圆形工具，在绘图区绘制一个椭圆，如图 5-62 所示。

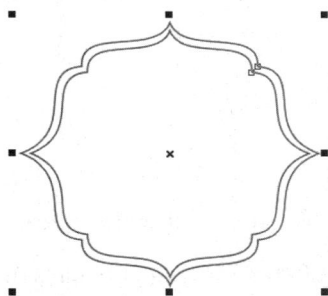

图 5-61 复制并缩放得到新轮廓

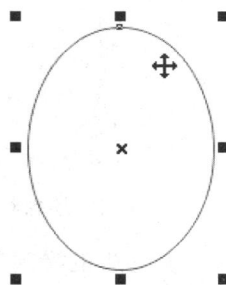

图 5-62 绘制椭圆 1

步骤 5：选择工具箱中的粗糙工具，其属性设置如图 5-63 所示。在椭圆的边缘涂末，效果如图 5-64 所示。

图 5-63 粗糙笔刷的属性设置

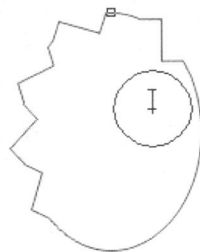

图 5-64 粗糙笔刷的使用及其效果

步骤 6：选择工具箱中的排斥工具，对椭圆轮廓进行涂抹变形，如图 5-65 所示。选择工具箱中的形状工具，对形状进行调整，效果如图 5-66 所示。

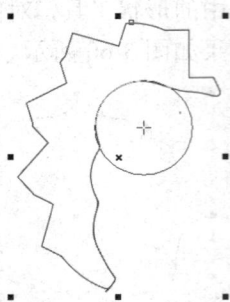

图 5-65 对椭圆进行涂抹变形   图 5-66 形状调整后的效果 1

步骤 7：选择工具箱中的椭圆形工具，在绘图区绘制一个椭圆，如图 5-67 所示。将椭圆转换为曲线，选择工具箱中的形状工具，对形状进行调整，效果如图 5-68 所示。

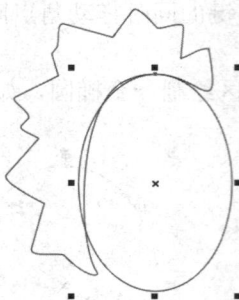

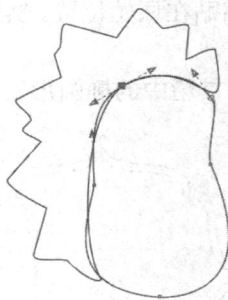

图 5-67 绘制椭圆 2   图 5-68 形状调整后的效果 2

步骤 8：选择工具箱中的椭圆形工具，在绘图区绘制出其他的椭圆作为耳朵、手、脚，如图 5-69 所示。选择所有的身体部位的椭圆，然后单击属性栏中的"合并"按钮 🔲，结合这些部位，效果如图 5-70 所示。

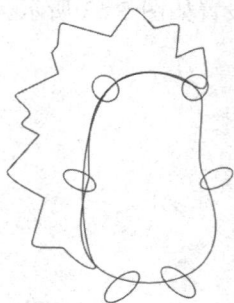

图 5-69 绘制其他身体部位   图 5-70 结合四肢等部位

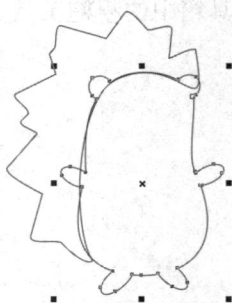

步骤 9：选择工具箱中的形状工具，对形状进行调整，制作出鼻子及调整整体，如图 5-71 所示。设置填充颜色的 CMYK 值为（12,38,28,0），效果如图 5-72 所示。

步骤 10：选择工具箱中的椭圆形工具，在绘图区绘制其他的椭圆形作为眼睛、鼻子、手掌等，如图 5-73 所示。

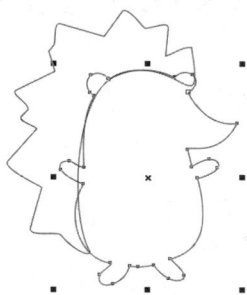

图 5-71　绘制鼻子　　　　　　图 5-72　填充颜色后的效果　　　图 5-73　绘制眼睛等部位

步骤 11： 选中脸颊、手掌、肚子、脚掌、眼睛、鼻子，对其进行颜色填充，分别设置颜色 CMYK 值为（19,58,47,0）和（76,69,68,30），如图 5-74 所示。然后填充皮毛的颜色，效果如图 5-75 所示。

图 5-74　填充身体颜色的效果　　　图 5-75　皮毛颜色填充后的效果

步骤 12： 选择工具箱中的艺术笔工具，其属性设置如图 5-76 所示。绘制出毛刺效果，如图 5-77 所示。进行颜色填充，设置颜色 CMYK 值为（56,47,44,0），然后单击属性栏中的"群组"按钮 进行群组，效果如图 5-78 所示。

图 5-76　艺术笔的属性设置

图 5-77　绘制毛刺　　　图 5-78　填充颜色后的群组效果

步骤 13：原位置复制出新的刺猬，然后单击属性栏中的"水平镜像"按钮进行镜像，效果如图 5-79 所示。

图 5-79　水平镜像后的效果

步骤 14：选中复制后的图形，对相关部位进行颜色填充，设置颜色 CMYK 值为（9,22,50,0）和（29,45,88,0），如图 5-80 所示。

图 5-80　填充复制图形的颜色的效果

步骤 15：选择工具箱中的基本形状工具，在属性栏中的"完美形状"下拉列表中选择心形，绘制出桃心；在图形中输入相应文字，选择工具箱中的文本工具，设置字体为 Arial、大小为 36pt，以及字体颜色 CMYK 值为（39,10,24,0），效果如图 5-81 所示。

图 5-81　输入文本并设置字体效果

步骤 16：选择工具箱中的属性滴管工具 ，对其他字体颜色进行设置，如图 5-82 所示，文字效果如图 5-83 所示。

图 5-82　设置文字颜色　　　　图 5-83　设置图形和文字后的效果

步骤 17：选择工具箱中的钢笔工具，在绘图区绘制一条直线。选择工具箱中的轮廓笔工具，其属性设置如图 5-84 所示，设置颜色 CMYK 值为（76,69,68,30），如图 5-85 所示。

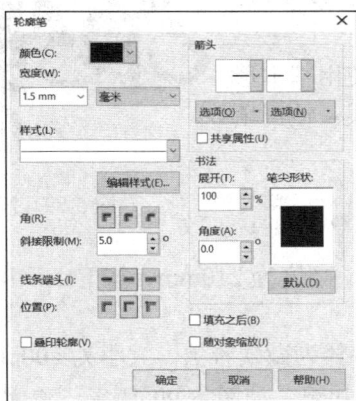

图 5-84　轮廓笔的属性设置　　　图 5-85　绘制并填充轮廓效果

步骤 18：选择工具箱中的基本形状工具，绘制桃心，并将其转换为曲线，然后配合形状工具进行调整，如图 5-86 所示，填充颜色后旋转放置，效果如图 5-87 所示。

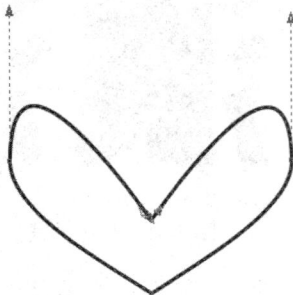

图 5-86　绘制桃心并进行形状调整　　　图 5-87　旋转后的效果

步骤 19：水平移动复制出其他形状，如图 5-88 所示。使用选择工具将图形全部选中，然后单击属性栏中的"群组"按钮，水平镜像复制出新的图形，最终效果如图 5-58 所示。

图 5-88　水平复制其他图形后的效果

课堂案例 3：绘制浪漫七夕

案例目标

学习使用形状工具组绘制浪漫七夕，如图 5-89 所示。

知识点拨

使用文本工具、造形工具绘制文字部分；使用基本形状工具、涂抹工具、形状工具制作文字变形效果；使用填充工具对文字进行填充。

实现步骤

图 5-89　浪漫七夕

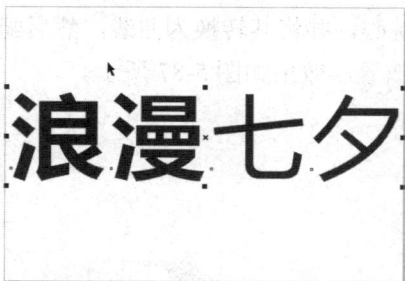

步骤 1：按 Ctrl+N 组合键，新建一个页面。在属性栏的"页面度量"选项中分别设置宽度为 297mm、高度为 210mm，按 Enter 键，页面尺寸显示为设置的大小。

步骤 2：选择工具箱中的文本工具，设置字体为微软雅黑，大小为 200pt，并在绘图区中心输入文字"浪漫七夕"，并将"浪漫"两字加粗，如图 5-90 所示。将文字"浪漫"转换为曲线，同时拆分曲线，效果如图 5-91 所示。

图 5-90　输入文字的效果

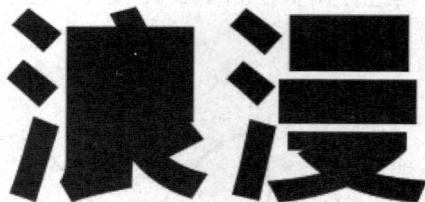

图 5-91　拆分曲线后的效果

步骤 3：选择工具箱中的选择工具，然后选择"浪"字的右半部分"良"，如图 5-92 所示。单击属性栏中的"移除后面对象"按钮，效果如图 5-93 所示。

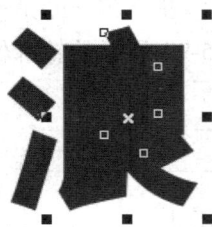

图 5-92　选择"浪"字的右半部分"良"　　　图 5-93　移除后面对象后的效果

步骤 4：使用相同方法绘制"漫"字，同时调整"七夕"两字位置，效果如图 5-94 所示。

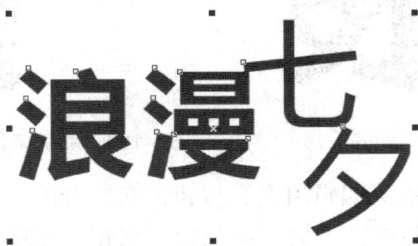

图 5-94　"漫"字移除后面对象后的效果

步骤 5：如图 5-95 所示，选中"浪"字左半部分的第一点并删除。选择工具箱中的基本形状工具，在属性栏中单击"完美图形"下拉按钮，在弹出的下拉列表中选择需要的形状，拖动鼠标绘制一个心形作为"浪"字的第一点，效果如图 5-96 所示。

图 5-95　选择对象　　　　　图 5-96　绘制心形

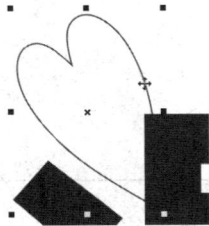

步骤 6：将心形转换为曲线，配合形状工具进行调整。使用相同方法绘制另一个心形，结果如图 5-97 所示。

图 5-97　绘制其他心形并调整

步骤 7：选择工具箱中的选择工具，选中"浪"字左半部分的第三点，选择工具箱中的沾染工具，其属性设置如图 5-98 所示，并在如图 5-99 所示的轮廓位置使用涂抹工具进行涂抹，配合形状工具进行调整，效果如图 5-100 所示。

图 5-98　沾染的属性设置 1

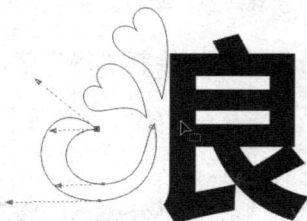

图 5-99　沾染并涂抹　　　　　　图 5-100　形状调整后的效果 1

步骤 8：单击工具箱中的"编辑填充"按钮，在打开的"编辑填充"对话框中设置颜色 RGB 值为（251,0,255），并单击"加到调色板"按钮，如图 5-101 所示。对"浪"字左半部分的 3 个点进行颜色填充，效果如图 5-102 所示。

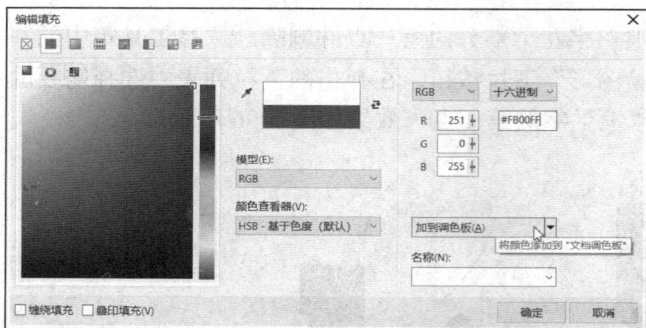

图 5-101　设置均匀填充　　　　　　图 5-102　3 个点的颜色填充后的效果

步骤 9：选中"浪"字右半部分的"艮"，使用形状工具进行调整，如图 5-103 所示，填充颜色为添加到色板中的新色，效果如图 5-104 所示。

图 5-103　调整形状　　　　　图 5-104　填充颜色后的效果

步骤 10：选择工具箱中的沾染工具，其属性设置如图 5-105 所示，对图形进行涂抹，效果如图 5-106 所示。选择工具箱中的形状工具，对形状进行调整，效果如图 5-107 所示。

图 5-105　沾染的属性设置 2　　　　图 5-106　涂抹后的效果　　　　图 5-107　形状调整后的效果 2

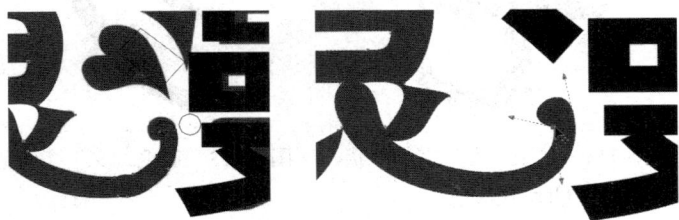

步骤 11：选择工具箱中的基本形状工具，在属性栏中单击"完美图形"下拉按钮，在弹出的下拉列表中选择需要的形状 ♡，拖动鼠标绘制一个心形作为"点"，如图 5-108 所示。然后复制出一个小的心形，并填充颜色，效果如图 5-109 所示。

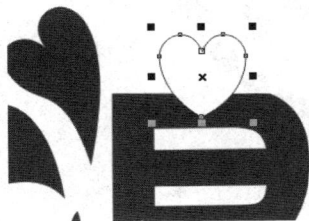

图 5-108　绘制心形　　　　图 5-109　复制并填充心形颜色

步骤 12：选中"浪"字，单击颜色面板中的"无填充"按钮⊠，取消所有的外轮廓线，效果如图 5-110 所示。使用相同方法制作"漫"字，效果如图 5-111 所示。

图 5-110　取消"浪"字的轮廓线　　　　图 5-111　制作"漫"字的效果

步骤 13：将"七夕"两字转换为曲线，选中"七"字，利用形状工具对其形状进行调整，并填充颜色，效果如图 5-112 所示。

步骤 14：选中"夕"字，利用形状工具对其形状进行调整，效果如图 5-113 所示。选择工具箱中的沾染工具，对图形进行涂抹，效果如图 5-114 所示。选择工具箱中的形状工具，对形状进行调整。

图 5-112　调整"七"字的形状　　　图 5-113　调整"夕"字的形状　　　图 5-114　"夕"字的涂抹效果
　　　　　并填充颜色

步骤 15: 选择工具箱中的基本形状工具 ，单击其属性栏中的"完美图形"下拉按钮，在弹出的下拉列表中选择需要的形状 ，拖动鼠标绘制一个心形作为"点"，如图 5-115 所示。

图 5-115　绘制心形

至此，浪漫七夕绘制完成，最终效果如图 5-89 所示。

6 单元

文字的创建与编辑

单元导读

CorelDRAW X7 提供了强大的文字处理功能，用户在输入文本对象后，可以利用系统提供的文字工具对其进行更改字体、字号、字形等操作，或者进行段落缩进、文本对齐、分栏等操作，以及为文本对象添加各种特殊效果等。

学习目标

通过本单元的学习，应熟练掌握在 CorelDRAW X7 中输入美术文字和段落文本、设置字体和字号等格式、文本环绕、适合路径、转换为曲线等的编辑方法和技巧。

思政目标

1. 增强文化自信和民族自豪感，激发爱国热情。
2. 培养专注、细致、严谨、负责的工作态度。

6.1　添　加　文　本

CorelDRAW X7 中的文本有两种类型，分别是美术字文本和段落文本，它们在使用方法、应用编辑格式、应用特殊效果等方面差别较大。

6.1.1　添加美术字文本

选择工具箱中的文本工具，在绘图区单击，出现"I"形插入文本光标，这时属性栏显示为"文本"属性栏，在该属性栏中选择字体，设置字号和字符属性，如图 6-1 所示。设置好后，直接输入美术字文本即可，效果如图 6-2 所示。

图 6-1　"文本"属性栏

图 6-2　美术字文本的输入效果

6.1.2　添加段落文本

选择工具箱中的文本工具，在绘图区按住鼠标左键并沿对角线拖动鼠标，绘制一个矩形文本框，然后释放鼠标左键，所得文本框如图 6-3 所示。在"文本"属性栏中选择字体，设置字号和字符属性，如图 6-4 所示。设置好后，直接在虚线框中输入段落文本，效果如图 6-5 所示。

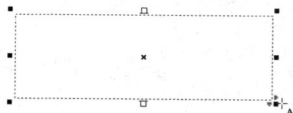

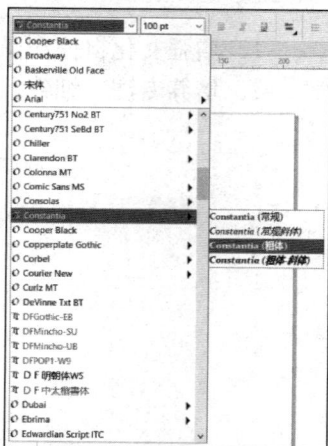

图 6-3　绘制文本框　　　　图 6-4　设置文本属性　　　　图 6-5　在文本框中输入段落文本效果

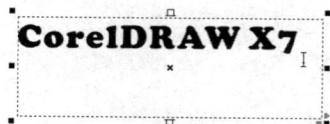

6.1.3 转换文本模式

选择工具箱中的"选择"工具，选中美术字文本，如图 6-6 所示。选择"文本"→"转换为段落文本"选项（图 6-7）或按 Ctrl+F8 组合键，可以将其转换为段落文本。再次按 Ctrl+F8 组合键，或选择"文本"→"转换为美术字"选项（图 6-8），可以将段落文本转换为美术字文本。

图 6-6　选择美术字

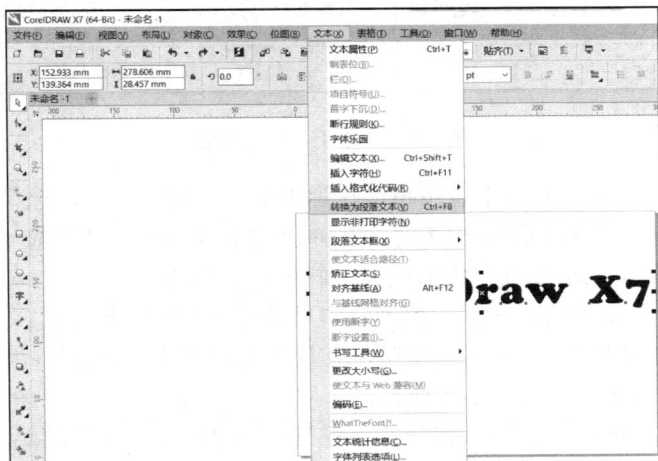

图 6-7　转换为段落文本

图 6-8　转换为美术字

> **提示**
>
> 美术字文本转换为段落文本后，它就不是图形对象了，也就不能再进行特殊效果的操作。当段落文本转换为美术字文本后，它会失去段落文本的格式。

> **技巧**
>
> 利用剪切、复制和粘贴命令可以将其他文本处理软件（如 Office 软件）中的文本复制到 CorelDRAW X7 的文本框中。

6.2 设置文字的外观

6.2.1 设置文字字体与字号

选择工具箱中的文本工具，其属性栏如图 6-9 所示。各选项的含义如下。

图 6-9　文本工具的属性栏

1）字体列表：单击右侧的下拉按钮，在弹出的下拉列表中可以选择需要的字体。

2）字体大小：单击右侧的下拉按钮，在弹出的下拉列表中可以选择需要的字号。

3） ：分别表示设置字体为粗体、斜体、下画线。

4）"文本对齐"按钮 ：在其下拉列表中可选择文本的对齐方式。

5）"文本属性"按钮 ：单击该按钮，打开"文本属性"对话框，如图 6-10 所示，在其中可以设置文字的字体及其大小等属性。

6）"编辑文本"按钮 ：单击该按钮，在打开的"编辑文本"对话框中可以编辑文本的各种属性。

7）将文本更改水平/垂直方向按钮 ：设置文本的排列方式为水平或垂直。

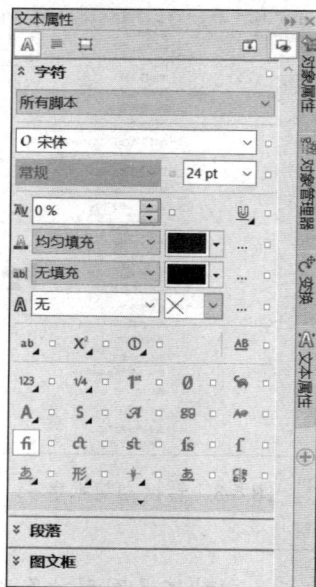

图 6-10　"文本属性"对话框

6.2.2 设置文字颜色

默认情况下，输入的文字为黑色，此时单击调色板中的白色色块，可将文字调整为白色。

对于美术字文本，可以进行填充颜色、添加特殊效果、编辑图形对象等操作。对美术字文本添加底纹的填充效果如图 6-11 所示。

图 6-11 对美术字文本添加底纹的填充效果

6.2.3 设置字符轮廓

打开"文本属性"对话框或按 F12 键，可以调节字符轮廓的粗细及颜色。在"文本属性"对话框中选择适合的字符轮廓粗细及颜色，如图 6-12 所示。

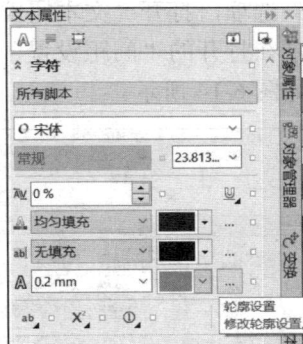

图 6-12 设置字符轮廓粗细及颜色

> **技巧**
>
> 图形对象在被选中的状态下，直接在调色板中需要的颜色上右击，即可快速填充轮廓线颜色。

6.3　段落的调整

6.3.1 设置段落文本对齐方式

选择工具箱中的文本工具，在绘图区输入段落文本，单击"文本"属性栏中的"文本对齐"下拉按钮，在弹出的下拉列表中共有 6 种对齐方式，如图 6-13 所示。

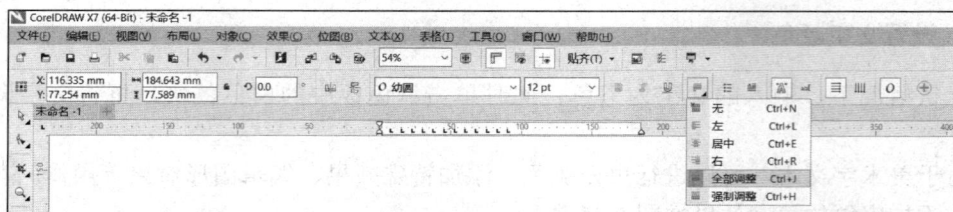

图 6-13　文本对齐方式

1）无：CorelDRAW X7 默认的对齐方式。选择它将不对文本产生影响，文本可以自由变换，但单纯的无对齐方式文本的边界会参差不齐。

2）左：选择"左"对齐后，段落文本会以文本框的左边界对齐。

3）居中：选择"居中"对齐后，段落文本的每一行都会在文本框中居中对齐。

4）右：选择"右"对齐后，段落文本会以文本框的右边界对齐。

5）全部调整：选择"全部调整"选项后，段落文本的每一行都会同时对齐文本框的左右两端。

6）强制调整：选择"强制调整"选项后，可以对段落文本的所有格式进行调整。

选择"文本"→"文本属性"选项，打开"文本属性"对话框，打开"段落"设置面板，单击"调整间距设置"按钮，在打开的"间距设置"对话框中的"水平对齐"下拉列表中可以选择文本的对齐方式，如图 6-14 所示。

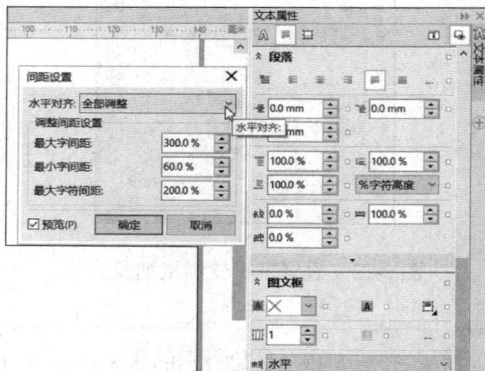

图 6-14　"文本属性"对话框

6.3.2　设置段落行间距

单击属性栏中的"文本属性"按钮，打开"文本属性"对话框，在"段落与行"选项组中的"行距"编辑框中可以设置行的间距，如图 6-15 所示。调整行距后的效果如图 6-16 所示。

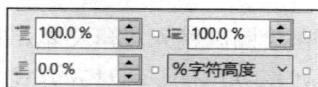

图 6-15　设置行距

图 6-16　调整行距后的效果

6.3.3　设置段落字符间距

单击"文本"属性栏中的"文本属性"按钮，打开"文本属性"对话框。

在"字距间距"编辑框中可以设置字符的间距，如图 6-17 所示。

输入美术字文本或段落文本，设置字符间距后的效果如图 6-18 所示。

图 6-17　调整字符间距

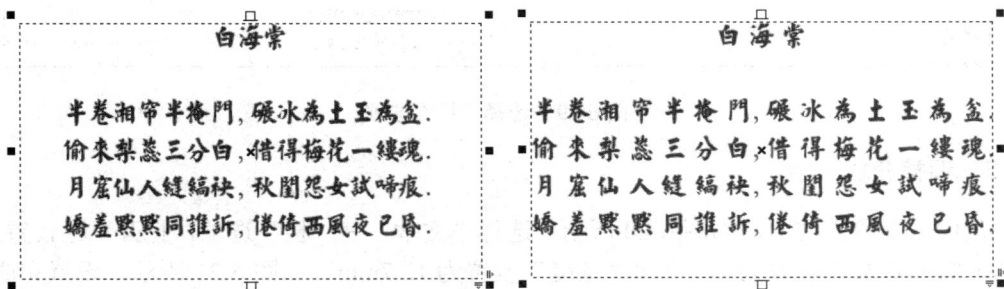

图 6-18　调整字符间距后的效果

6.3.4　添加分栏

在 CorelDRAW X7 中，除了能对美术字文本和段落文本设置文字格式，还可以为段落文本设置分栏。这是一个较为常用的操作，可在一定程度上变换文字排列的样式，影响图像整体版式的美观性。其方法是选中段落文本，选择"文本"→"栏"选项，如图 6-19 所示，打开"栏设置"对话框。在"栏数"编辑框中输入栏数，完成后单击"确定"按钮，即可将段落文字分栏显示。

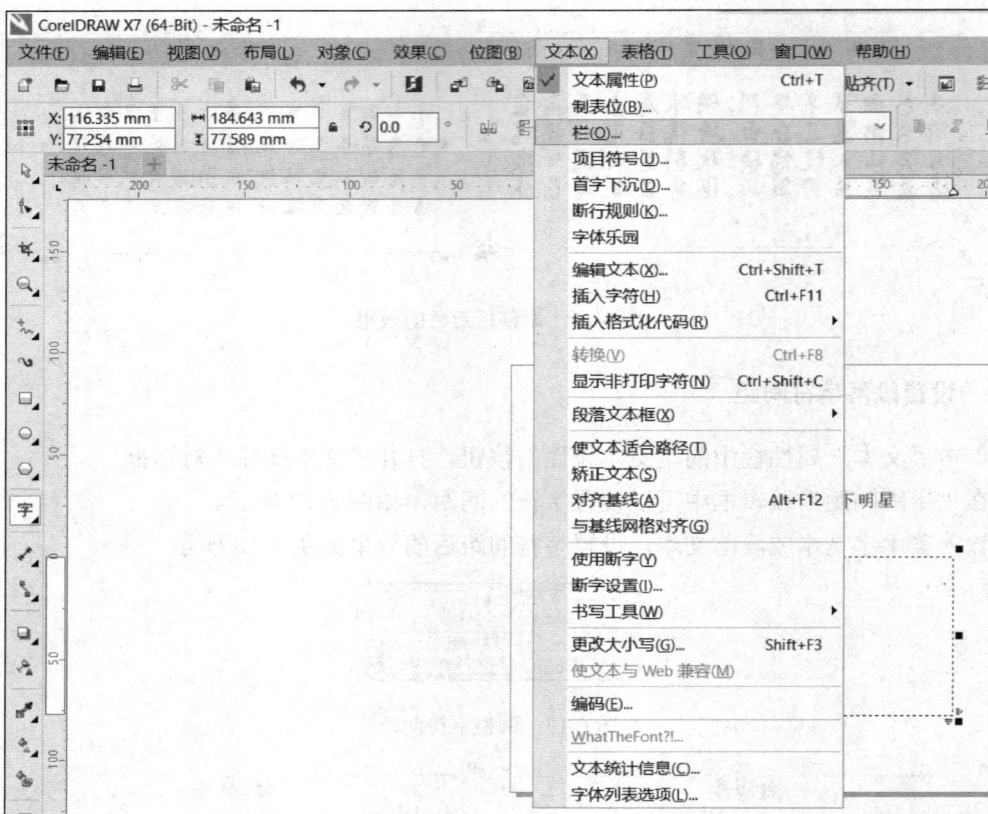

图 6-19　选择"栏"选项

6.3.5　调整分栏大小

选中一个段落文本，如图 6-20 所示。选择"文本"→"栏"选项，打开"栏设置"对话框，将"栏数"设置为 2，栏间"宽度"设置为 12.7mm，如图 6-21 所示。设置完成后，单击"确定"按钮，段落文本被分为两栏，效果如图 6-22 所示。

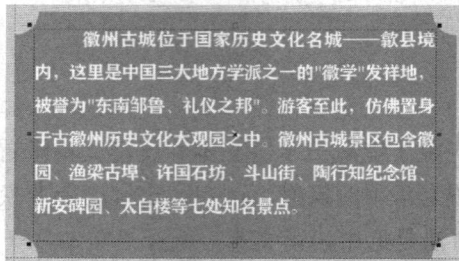

图 6-20　选中段落文本

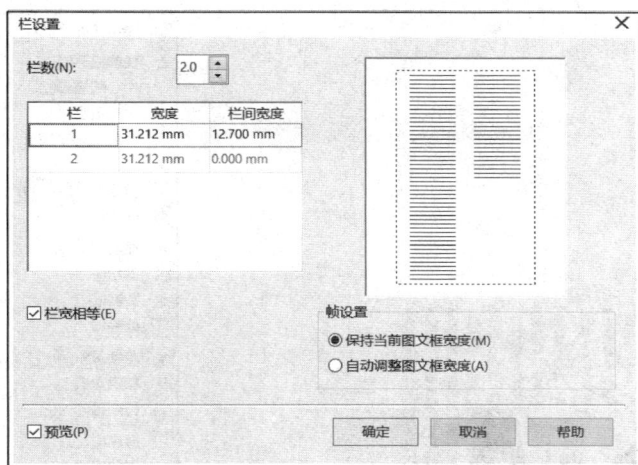

图 6-21 "栏设置"对话框

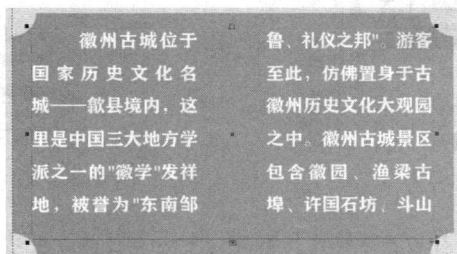

图 6-22 设置分栏后的效果

6.4 文 本 环 绕

CorelDRAW X7 提供了多种文本环绕形式，应用文本环绕可以使设计制作的杂志、报刊等更加生动、美观。

6.4.1 将段落文本环绕在对象周围

选择"文件"→"导入"选项，或按 Ctrl+I 组合键，打开"导入"对话框。在该对话框的"查找范围"列表框中选择需要的文件夹，在文件夹中选择需要的位图文件，单击"导入"按钮，在页面中单击，位图被导入页面中，将位图调整到段落文本中的适当位置，效果如图 6-23 所示。

在位图上右击，在弹出的快捷菜单中选择"段落文本换行"选项，如图 6-24 所示，所得效果如图 6-25 所示。

图 6-23　导入位图

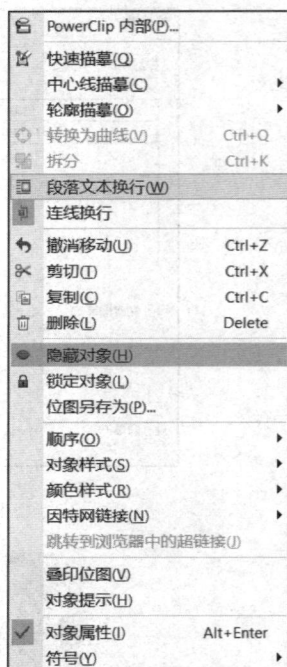

PowerClip 内部(P)...	
快速描摹(Q)	
中心线描摹(C)	▶
轮廓描摹(O)	▶
转换为曲线(V)	Ctrl+Q
拆分	Ctrl+K
段落文本换行(W)	
连线换行	
撤消移动(U)	Ctrl+Z
剪切(T)	Ctrl+X
复制(C)	Ctrl+C
删除(L)	Delete
隐藏对象(H)	
锁定对象(L)	
位图另存为(P)...	
顺序(O)	▶
对象样式(S)	▶
颜色样式(R)	▶
因特网链接(N)	▶
跳转到浏览器中的超链接(J)	
叠印位图(V)	
对象提示(H)	
✓ 对象属性(I)	Alt+Enter
符号(Y)	▶

图 6-24　选择"段落文本换行"选项

图 6-25　文本绕图效果

6.4.2　自定义文本与对象的距离

单击位图，在属性栏中单击"文本换行"下拉按钮，在弹出的下拉列表中设置换行样式，在"文本换行偏移"选项的编辑框中设置偏移距离，如图 6-26 所示。

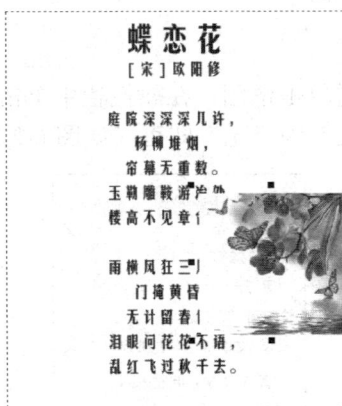

（a）

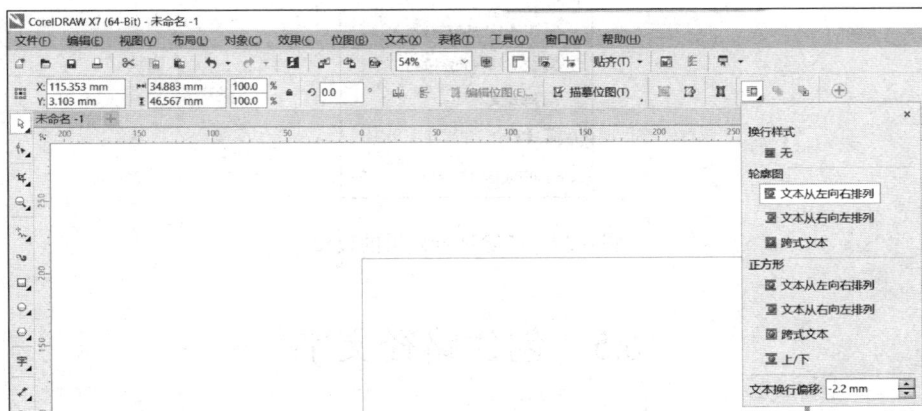

（b）

（c）

图 6-26　设置文本换行偏移

6.4.3　移除环绕效果

若要移除环绕效果，则只需单击位图，在属性栏中单击"文本换行"下拉按钮，在弹出的下拉列表中设置"换行样式"为"无"即可，如图 6-27 所示。

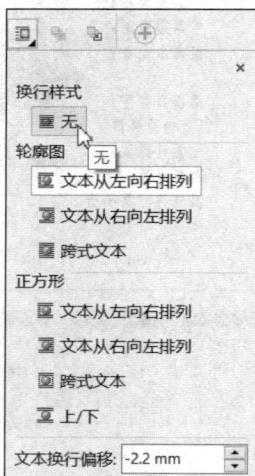

图 6-27　移除环绕效果的设置

6.5　创建路径文字

在 CorelDRAW X7 中，可以将字符文字沿特定的路径进行排列，从而得到特殊的排列效果。由于路径的长短和文字的长短不尽相同，在对路径进行编辑时，沿路径排列的文字也会随之发生变化，这时需要使文本适合路径。

6.5.1　沿路径边缘添加文字

选择工具箱中的钢笔工具或贝塞尔工具，绘制一条曲线路径，然后选择工具箱中的文本工具，将鼠标指针贴近曲线路径，鼠标指针改变形状后，在路径上单击以确定光标插入点。在光标插入点后，输入文字或粘贴其他文档中的文字。适当调整文字的字体和字号后，选择"文本"→"使文本适合路径"选项，然后拖动曲线上的文字，使其排列到路径的中间位置。此时，选择工具箱中的选择工具，选中曲线路径，右击调色板中的图标☒，去除轮廓线，只显示文字效果，如图 6-28 所示。此外，还可以执行更改文本颜色等操作。

图 6-28　使文本适合路径的使用及效果

6.5.2　在封闭路径中输入文字

　　选择工具箱中的钢笔工具或基本形状工具，绘制或创建闭合路径，然后选择工具箱中的文本工具，将鼠标指针放在路径上单击，以确定光标插入点。在光标插入点后输入文字或粘贴其他文档中的文字，在属性栏中设置文字的字体、字号等，然后拖动路径上的文字，以调整文字在路径上的排列位置，然后选择工具箱中的选择工具，选中路径后，去除轮廓线，只显示文字效果，如图 6-29 所示。此外，还可以进行调整文本的颜色、复制文本、适当调整文本大小等操作。

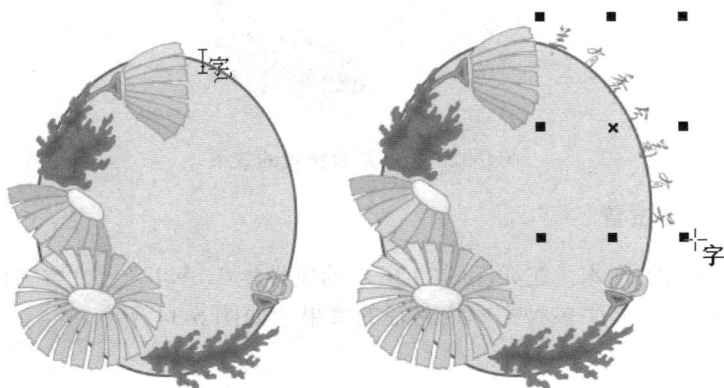

图 6-29　在封闭路径中输入文字及效果

　　选择工具箱中的椭圆形工具，绘制一个椭圆形路径，选中美术字文本，如图 6-30 所示。选择"文本"→"使文本适合路径"选项，出现箭头图标，将箭头移至椭圆路径二，文本自动绕路径排列，如图 6-31 所示。单击"确定"按钮，效果如图 6-32 所示。

图 6-30　选中美术字文本　　　　图 6-31　设置文本适合路径效果

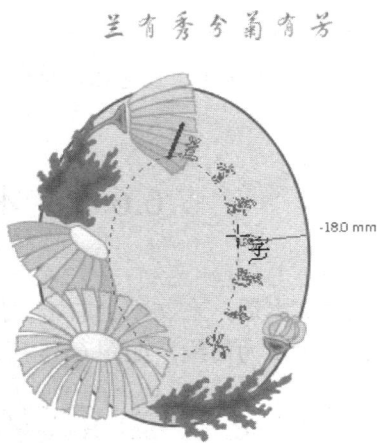

图 6-32　文本适合路径的效果

6.5.3　设置路径文字位置

选中绕路径排列的文本，在如图 6-33 所示的属性栏中可以设置文字方向、与路径的距离、偏移等，从而可以产生多种文本绕路径的效果，如图 6-34 所示。

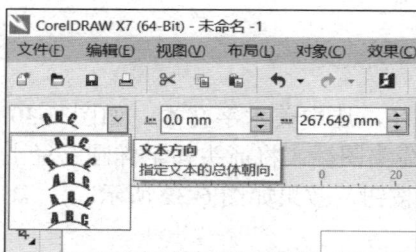

图 6-33　设置文本属性

图 6-34　文本路径的设置效果

6.6　文本转换为曲线

选中美术字文本后，在文本上右击，然后在弹出的快捷菜单中选择"转换为曲线"选项，即可将文本转换为曲线，如图 6-35 所示。

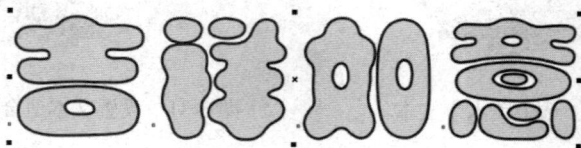

图 6-35　文本转换为曲线的使用及效果

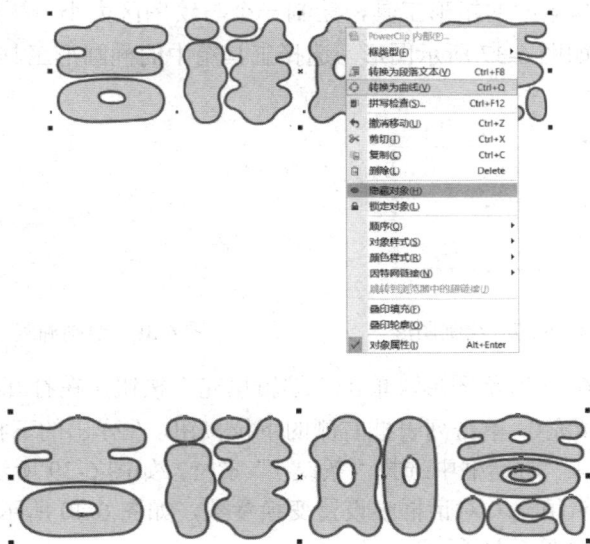

图 6-35（续）

课堂案例 1：绘制书籍封面

案例目标

学习使用文本工具、形状工具组绘制书籍封面，如图 6-36 所示。

绘制书籍封面

图 6-36 书籍封面

知识点拨

使用矩形工具、椭圆形工具、钢笔工具绘制背景；使用填充工具、钢笔工具制作填充效果；使用文本工具输入说明文字。

实现步骤

步骤 1： 按 Ctrl+N 组合键，新建一个页面。在属性栏的"页面度量"选项中分别设置宽度为 204mm、高度为 140mm，按 Enter 键，页面尺寸显示为设置的大小。

步骤 2：选择工具箱中的矩形工具，绘制一个与绘图区大小一样的矩形。选择工具箱中的钢笔工具，绘制如图 6-37 所示图形。选择工具箱中的椭圆形工具，绘制椭圆，效果如图 6-38 所示。

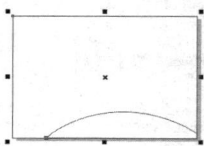

图 6-37　绘制图形　　　　　图 6-38　绘制椭圆

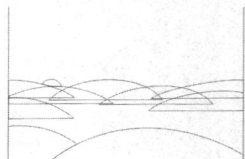

步骤 3：选中图 6-37 所示图形，单击"编辑填充"按钮，在打开的"编辑填充"对话框中选择"向量图样填充"，单击列表框右侧的下拉按钮，在弹出的下拉列表中选择"浏览"选项，在打开的"打开"对话框中选择"条纹 1"素材，如图 6-39 所示，然后单击"打开"按钮，在返回的"编辑填充"对话框中设置变换参数，如图 6-40 所示，然后单击"确定"按钮，所得填充效果如图 6-41 所示。

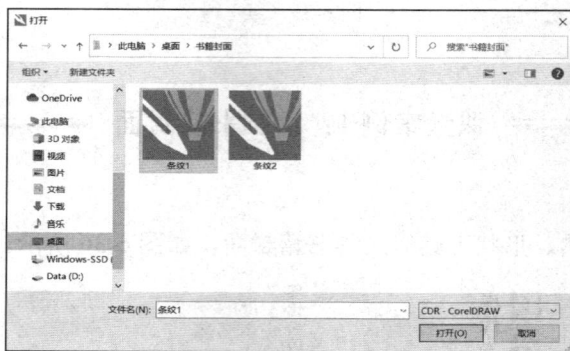

图 6-39　"打开"对话框

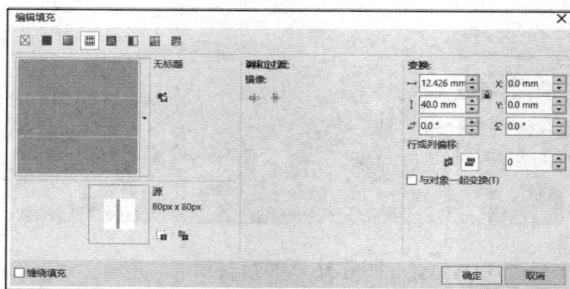

图 6-40　设置向量填充 1

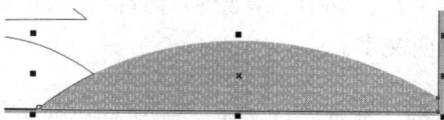

图 6-41　向量填充后的效果 1

步骤 4：选中图 6-38 所示图形，使用相同的方法，设置"条纹 2"为向量填充图形，如图 6-42 所示，然后单击"确定"按钮，填充后的效果如图 6-43 所示。

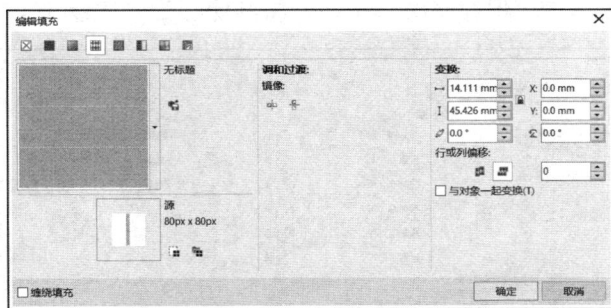

图 6-42　设置向量填充 2

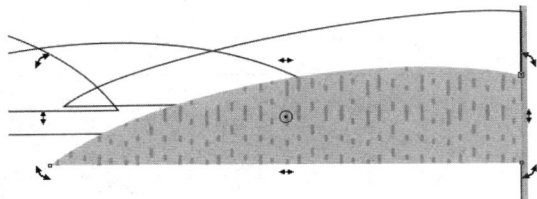

图 6-43　向量填充后的效果 2

步骤 5：选中界面左下角的图形，按 F11 键，打开"编辑填充"对话框，单击"均匀填充"按钮▣，填充为黄色，黄色的 CMYK 值设置为（2,11,93,0）。选择工具箱中"艺术笔"工具组中的喷涂工具，其属性设置如图 6-44 所示，单击"喷涂列表选项"按钮🖳，在打开的"创建播放列表"对话框中对多余的对象进行移除，如图 6-45 所示。喷涂绘制后的效果如图 6-46 所示。

图 6-44　设置喷涂工具属性 1

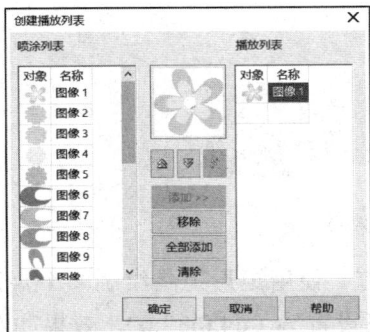

图 6-45　设置喷涂列表

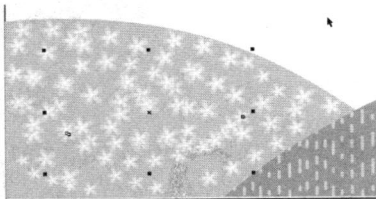

图 6-46　喷涂绘制后的效果

步骤 6：选中任意图形，按 F11 键，打开"编辑填充"对话框，单击"底纹填充"按钮，设置"色调"颜色 CMYK 值为（3,44,99,0），设置"亮度"颜色 CMYK 值为（4,0,89,0），如图 6-47 所示。然后单击"保存底纹"按钮，将其保存为"底纹 1"，如图 6-48 所示。

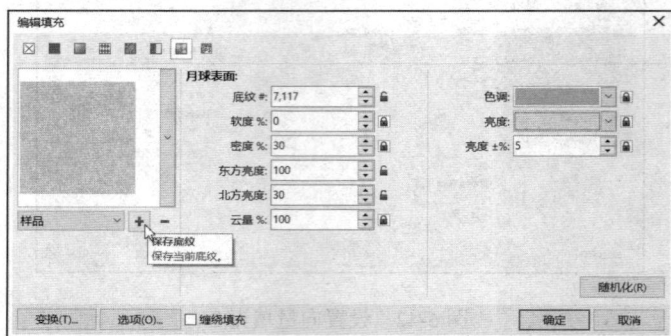

图 6-47　底纹填充设置

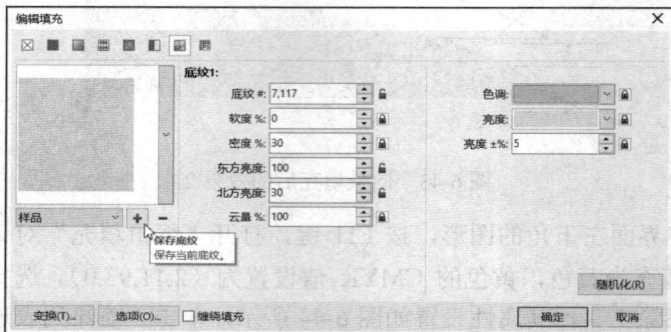

图 6-48　保存为"底纹 1"

选中其他图形，使用"底纹 1"进行填充，更改"色调"颜色 CMYK 值分别为（5,29,97,0）、（10,15,96,0）和（4,0,89,0），对这些图形进行底纹填充。

步骤 7：选中图形，单击颜色面板中 CMYK 值为"黄"的颜色，对图形进行颜色填充，如图 6-49 所示。

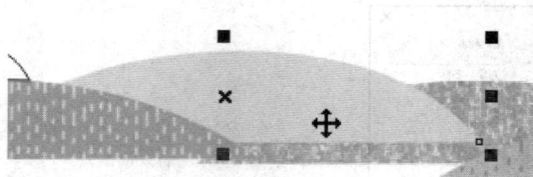

图 6-49　填充颜色后的效果

步骤 8：将太阳填充颜色的 CMYK 值设置为橘红。使用矩形工具绘制一个矩形，如图 6-50 所示。对湖进行蓝色填充，蓝色的 CMYK 值设置为（64,0,32,0），效果如图 6-51 所示。

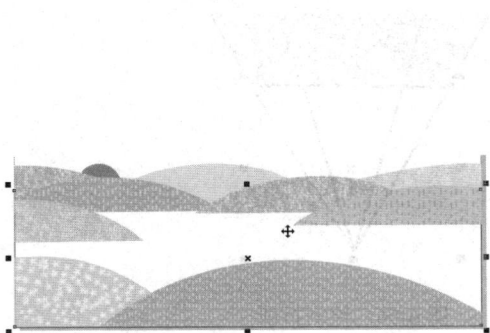

图 6-50　绘制其他图形　　　　　　　　图 6-51　湖填色后的效果

步骤 9：选择工具箱中"艺术笔"工具组中的喷涂工具，其属性设置如图 6-52 所示，绘制树后拆分艺术笔组，然后对树进行变形，效果如图 6-53 所示。

图 6-52　设置喷涂工具属性 2

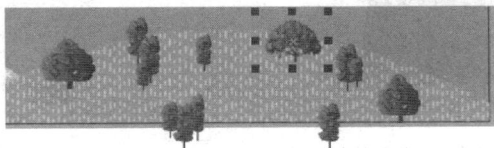

图 6-53　绘制树

步骤 10：选择工具箱中的裁剪工具，裁剪掉页面外的图形，效果如图 6-54 所示。

图 6-54　裁剪后的效果

步骤 11：选择工具箱中的椭圆形工具，绘制一个椭圆，并将其转换为曲线。选择工具箱中的形状工具，对形状进行调整，并填充为浅橙色，浅橙色的 CMYK 值设置为（0,31,66,0），效果如图 6-55 所示。选择工具箱中的折线工具，绘制出热气球的吊绳，并填充为蓝色，蓝色的 CMYK 值设置为（100,0,0,40），效果如图 6-56 所示。

图 6-55　绘制热气球

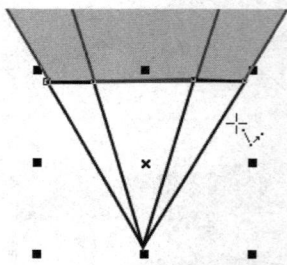

图 6-56　绘制折线

步骤 12：选择工具箱中的矩形工具，绘制出其他部分，并进行蓝色和红色的颜色填充，蓝色的 CMYK 值设置为（100,0,0,60），效果如图 6-57 所示。热气球的最终效果如图 6-58 所示。

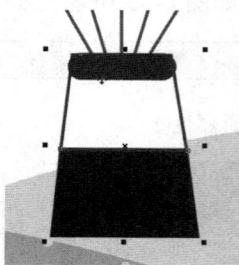

图 6-57　绘制并填充其他部分

图 6-58　热气球的最终效果

步骤 13：复制另外两个热气球，并对颜色进行更改，将红色改为洋红色，将蓝色的 CMYK 值设置为（100,0,50,0），效果如图 6-59 所示。

图 6-59　复制热气球后并填色

步骤 14：选择"文件"→"导入"选项，在打开的"导入"对话框中导入"狐狸和熊""小动物""鸟"等动物素材，并进行缩小变形放置，效果如图 6-60 所示。

步骤 15：选择工具箱中的文本工具，设置字体为方正粗宋简体，字体大小为 36pt，输入文字，然后在属性栏中单击"将文字更改为垂直方向"按钮Ⅲ，效果如图 6-61 所示。使用同样的方法，输入其他文字。

图 6-60　导入素材

图 6-61　输入垂直文本

步骤 16：选择"对象"→"插入条码"选项，打开"条码向导"对话框，如图 6-62 所示。在该对话框中进行相应的设置，插入两种条形码，效果如图 6-63 所示。

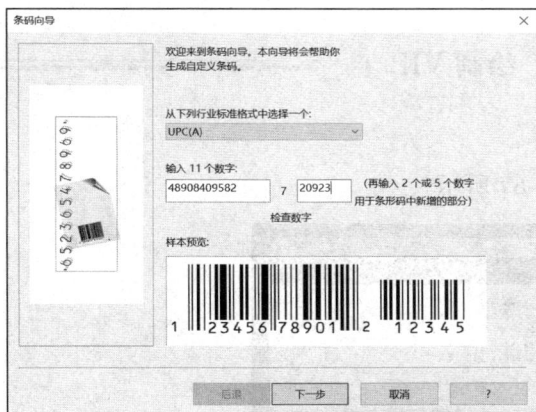

图 6-62　"条码向导"对话框

图 6-63　插入条形码的效果

步骤 17：选择工具箱中的矩形工具，绘制一个如图 6-64 所示的圆角矩形。选择矩形，然后选择工具箱中的文本工具，在圆角矩形的内部输入文字，并设置字体大小和属性，效果如图 6-65 所示。

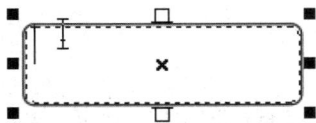

三省堂

图 6-64　绘制圆角矩形

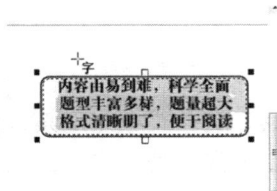

三省堂

图 6-65　在圆角矩形中输入文本

步骤18：选择"文件"→"导入"选项，在打开的"导入"对话框中导入"标志"素材，并对其进行缩小放置，效果如图 6-66 所示。然后选择工具箱中的文本工具，输入其他文字。至此，书籍封面制作完成，最终效果如图 6-36 所示。

图 6-66　导入标志素材

—— 课堂案例 2：绘制 VIP 卡 ——

案例目标

学习使用文本工具绘制 VIP 卡，如图 6-67 所示。

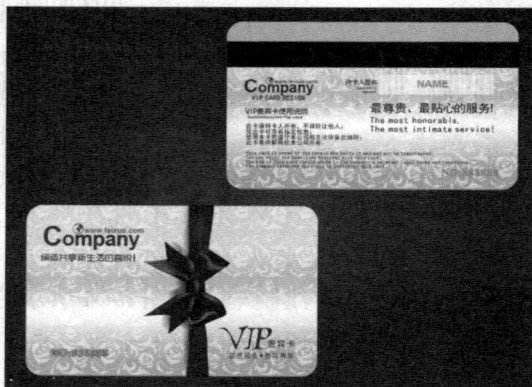

图 6-67　VIP 卡

知识点拨

使用矩形工具、交互式填充工具、钢笔工具绘制背景；使用文本工具、形状工具、钢笔工具制作 VIP 卡效果；使用文本工具输入说明文字。

实现步骤

步骤1：按 Ctrl+N 组合键，新建一个 A4 页面，页面尺寸显示为设置的大小。

步骤2：选择工具箱中的矩形工具，绘制一个与页面大小一样的矩形，单击"编辑填充"按钮，在打开的"编辑填充"对话框中单击"渐变填充"按钮，并填充为黑紫色渐变色，深浅紫色的 CMYK 值分别设置为（78,91,51,20）和（59,81,0,0），如图 6-68 所示。

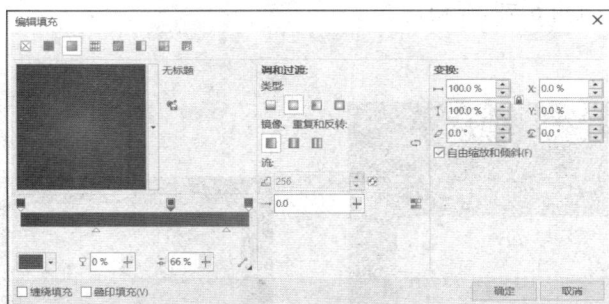

图 6-68　设置渐变填充属性

步骤 3： 选择工具箱中的矩形工具，在绘图区绘制一个宽度为 90 mm、高度为 54mm、转角半径为 5mm 的圆角矩形，如图 6-69 所示。按 F11 键，打开"编辑填充"对话框，单击"渐变填充"按钮，在"节点位置"选项中分别添加并输入 0、36、55、78、100 几个位置点，单击左下角的"节点颜色"按钮，分别设置几个位置点颜色的 CMYK 值为 0（30,23,22,0）、36（0,0,0,0）、55（22,16,16,0）、78（11,8,7,0）、100（11,8,7,0），其他选项的设置如图 6-70 所示，然后单击"确定"按钮，填充图形，并去除图形轮廓线。

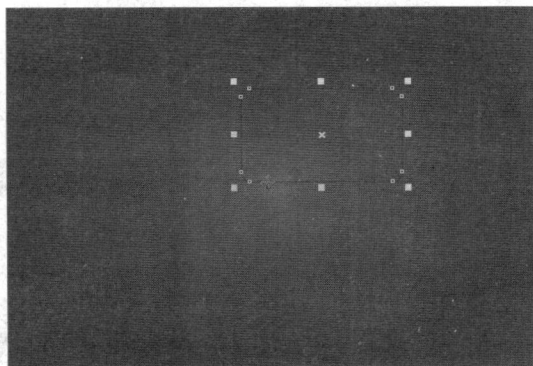

图 6-69　绘制圆角矩形

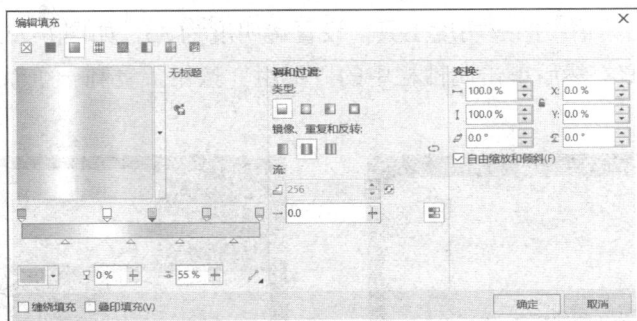

图 6-70　设置渐变填充

步骤 4：填充完成后，选择工具箱中的交互式填充工具，对颜色进行调整，如图 6-71 所示。调整后的效果如图 6-72 所示。

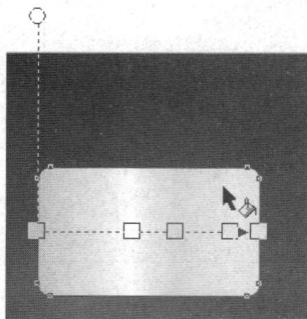

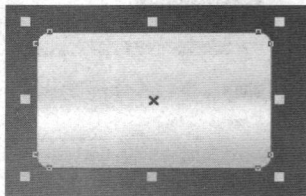

图 6-71　交互式填充　　　　　　　图 6-72　颜色调整后的效果

步骤 5：在原位置上复制一个新的圆角矩形，单击"编辑填充"按钮，在打开的"编辑填充"对话框中选择"向量填充"，单击填充挑选器右侧的下拉按钮，如图 6-73 所示，在弹出的下拉列表中选择 AI 格式的"rose 花纹"素材，填充效果如图 6-74 所示。

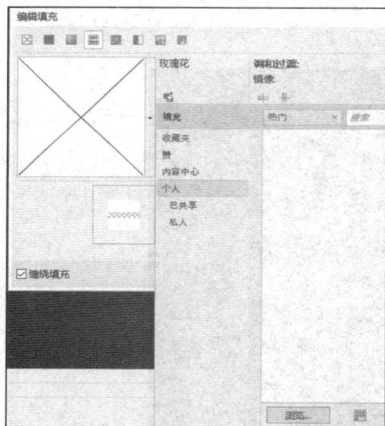

图 6-73　"向量填充"属性栏设置　　　　图 6-74　花纹填充后的效果

步骤 6：选择工具箱中的透明度工具，设置透明度为 35，如图 6-75 所示。按住鼠标左键并拖动，框选矩形，然后单击属性栏中的"群组"按钮，复制一个新的矩形到左下方，如图 6-76 所示。

图 6-75　设置透明度　　　　　　　图 6-76　复制新的图形

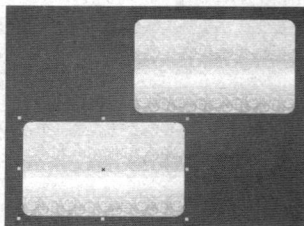

步骤 7：选择"文件"→"导入"选项，在打开的"导入"对话框中导入"深红蝴蝶结"素材，旋转角度并调整大小，效果如图 6-77 所示。

图 6-77　导入深红蝴蝶结素材

步骤 8：选择工具箱中的文本工具，输入文字内容，设置字体为 Arial（英文）和时尚中黑简体（中文）、大小为 8pt，然后选择"文本"→"插入字符"选项，打开"插入字符"对话框，如图 6-78 所示，选择需要插入的字符，然后设置文字颜色为紫色，紫色的 CMYK 值设置为（64,100,44,6），效果如图 6-79 所示。

图 6-78　插入字符

图 6-79　输入文字并设置颜色

步骤 9：选择工具箱中的文本工具，输入文字内容，设置字体为 Cambria Math、大小为 28pt。右击文字，在弹出的快捷菜单中选择"转换为曲线"选项，然后右击，在弹出的快捷菜单中选择"拆分曲线"选项，拆分文本，效果如图 6-80 所示。选择工具箱中的形状工具，对图形进行调整，使"I"和"P"两字母相连，框选两个字母，然后单击属性栏中的"合并"按钮合并字母，效果如图 6-81 所示。

图 6-80　拆分文本

图 6-81　合并后的效果

步骤 10： 选择工具箱中的形状工具，对图形进行调整，效果如图 6-82 所示。

图 6-82　调整形状

步骤 11： 选择工具箱中的文本工具，输入文字内容，设置字体和大小，如图 6-83 所示。

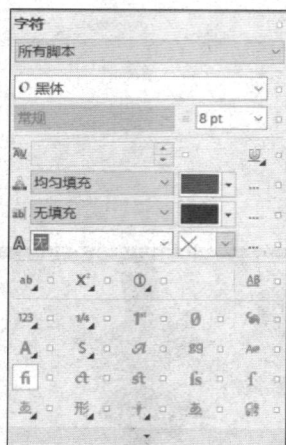

图 6-83　输入文字内容

步骤 12： 选择"文本"→"插入字符"选项，打开"插入字符"对话框，选择所需插入的字符，如图 6-84 所示，设置文字颜色为紫色，紫色的 CMYK 值设置为（64,100,44,6），效果如图 6-85 所示。

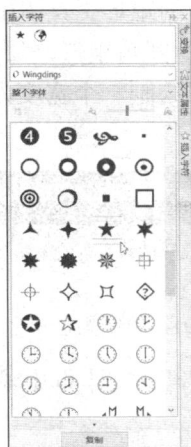

图 6-84　插入字符的属性设置　　　　　图 6-85　文本颜色填充后的效果

步骤 13：选择工具箱中的文本工具，输入文字内容，设置字体为 Arial、大小为 12pt，然后单击颜色面板中的金色色块，颜色 CMYK 值设置为（0,20,60,40），对文字进行颜色填充，填充文字外轮廓颜色的 CMYK 值设置为（32,27,65,0）。选择工具箱中的"阴影"工具组中的立体化工具 ，设置字体的立体化深度为 6，效果如图 6-86 所示。

图 6-86　立体化效果

步骤 14：选中文字，选择工具箱中的阴影工具，其属性设置如图 6-87 所示，文字最后的效果如图 6-88 所示。至此，VIP 卡正面绘制完成，如图 6-89 所示。

图 6-87　阴影工具的属性　　　　　　　图 6-88　文字效果

图 6-89　VIP 卡的正面效果

步骤 15：复制正面 LOGO 文字到反面，选择工具箱中的矩形工具，在绘图区绘制一个宽度为 90mm、高度为 7mm、左右上角转角半径为 5mm 的圆角矩形，如图 6-90 所示。设置颜色为灰色，灰色的 CMYK 值设置为（25,17,17,0）。再绘制一个宽度为 90mm、高度为 8.5 mm 的黑色矩形，如图 6-91 所示。

图 6-90　绘制圆角矩形

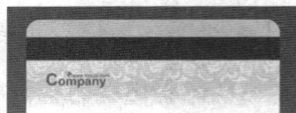

图 6-91　绘制黑色矩形

步骤 16：选择工具箱中的文本工具，绘制一个文本框，在文本框中输入段落文字，如图 6-92 所示。使用同样的方法输入其他文字。

步骤 17：选择工具箱中的矩形工具，绘制一个宽度为 36mm、高度为 7mm 的矩形，填充颜色为白色，并选择工具箱中的透明度工具，设置透明度为 25，如图 6-93 所示。

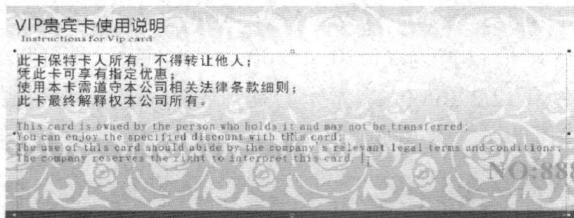

图 6-92　输入段落文字

图 6-93　设置矩形的透明度

步骤 18：选择工具箱中的文本工具，输入其他美术字，完成 VIP 卡反面的绘制，效果如图 6-94 所示。至此，VIP 卡绘制完成，最终效果如图 6-67 所示。

图 6-94　VIP 卡的反面完成效果

课堂案例3：绘制积分兑换海报

案例目标

学习使用文本工具绘制积分兑换海报，如图 6-95 所示。

图 6-95　积分兑换海报

知识点拨

　　使用矩形工具、填充工具、钢笔工具绘制背景；使用文本工具、矩形工具、椭圆形工具、填充工具、钢笔工具制作文字图形效果；导入素材并调整位置。

实现步骤

　　步骤 1： 按 Ctrl+N 组合键，新建一个 A4 页面，页面尺寸显示为设置的大小。

　　步骤 2： 选择工具箱中的矩形工具，绘制一个与页面大小一样的矩形，并填充为红色，红色的 CMYK 值设置为（9,100,86,0），如图 6-96 所示。

　　步骤 3： 选择工具箱中的钢笔工具，绘制图形，如图 6-97 所示，然后将图形填充为粉红色，粉红色的 CMYK 值设置为（0,90,55,0）。再次选择工具箱中的钢笔工具，绘制图形并为其填充颜色，如图 6-98 所示。

图 6-96　绘制矩形并填充颜色

图 6-97　绘制图形

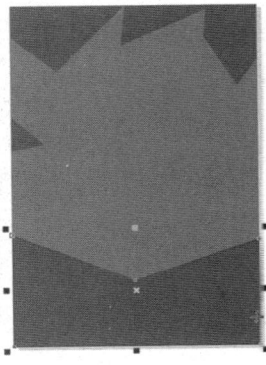

图 6-98　绘制图形并填充颜色

　　步骤 4： 选择工具箱中的钢笔工具，在图形上绘制一条轮廓线，其设置如图 6-99 所示。绘制其他图形，并对其进行颜色填充，深紫色的 CMYK 值设置为（62,98,65,35），深红色的 CMYK 值设置为（27,100,100,0），效果如图 6-100 所示。

图 6-99　设置轮廓笔属性　　　　　　　　图 6-100　绘制图形并填充颜色后的效果

步骤 5：选择工具箱中的文本工具，输入文字内容，设置字体为方正粗倩简体、大小为 100pt，如图 6-101 所示。

步骤 6：对文字进行黄色填充，黄色的 CMYK 值设置为（2,0,89,0），选择工具箱中的选择工具，选中第一排文字，将外轮廓线填充为黑色，效果如图 6-102 所示。

图 6-101　文本输入后的效果　　　　　　　图 6-102　添加"轮廓线"效果

步骤 7：选择"文本"→"文本属性"选项，打开"文本属性"对话框，对文字进行如图 6-103 所示的设置，字距调整后的效果如图 6-104 所示。

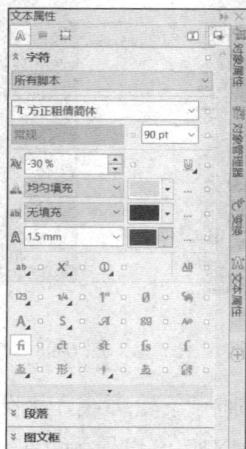

图 6-103　设置文本属性　　　　　　　图 6-104　字距调整后的效果

步骤 8：选择工具箱中的选择工具，选中下面一排文字并双击，对文字进行倾斜调整，效果如图 6-105 所示。然后选中文字并右击，在弹出的快捷菜单中选择"转换为曲线"选项，继续右击，在弹出的快捷菜单中选择"拆分曲线"选项。选择工具箱中的形状工具，对图形进行调整，如图 6-106 所示。

图 6-105　文本倾斜调整

图 6-106　调整图形

步骤 9：选择工具箱中的选择工具，按住鼠标左键并拖动，框选如图 6-107 所示的图形，单击属性栏中的"移除后面对象"按钮，效果如图 6-108 所示。使用相同的方法，制作其他文字。

图 6-107　选择文字图形　　　　图 6-108　移除后面对象后的效果

步骤 10：选择工具箱中的形状工具，对图形进行调整，效果如图 6-109 所示。选择工具箱中的选择工具，按住鼠标左键并拖动，框选图形，然后单击属性栏中的"合并"按钮，并添加黑色外轮廓线，效果如图 6-110 所示。

图 6-109　形状调整后的效果　　　　图 6-110　添加外轮廓后的效果

步骤 11：为所有文字添加黑色外轮廓线，效果如图 6-111 所示。

图 6-111　为所有文字添加外轮廓线后的效果

步骤 12：选择工具箱中的选择工具，按住鼠标左键并拖动框选所有文字，单击属性栏中的"创建边界"按钮，然后选择工具箱中的"阴影"工具组中的轮廓图工具，绘制出轮廓，属性设置如图 6-112 所示。轮廓色的颜色 CMYK 值设置为（0,100,100,50），填充色的颜色 CMYK 值设置为（60,100,71,47），效果如图 6-113 所示。

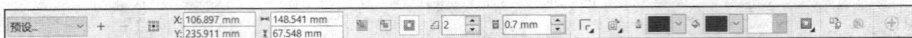

图 6-112　设置轮廓图的属性

图 6-113　轮廓图的使用效果

步骤 13：选择工具箱中的选择工具，按住鼠标左键并拖动，框选所有文字，选择工具栏中的阴影工具，按住鼠标左键，在文字上适当向下拖动，并对属性栏进行设置，如图 6-114 所示。将阴影颜色设置为深紫色，深紫色的颜色 CMYK 值设置为（67,99,64,40），效果如图 6-115 所示。

图 6-114　设置阴影属性

图 6-115　阴影的使用及效果

步骤 14：选择工具箱中的椭圆形工具，绘制一个正圆，单击工具箱中的"编辑填充"按钮，在打开的"编辑填充"对话框中选择"渐变填充"，并对其进行设置，如图 6-116 所示。对于"节点位置"为 0% 的黄色，将其颜色 CMYK 值设置为（1,0,36,0）；对于"节点位置"为 32% 的黄色，将其颜色 CMYK 值设置为（9,7,91,0）；对于"节点位置"为 100% 的黄色，将其颜色 CMYK 值设置为（11,15,98,0）。

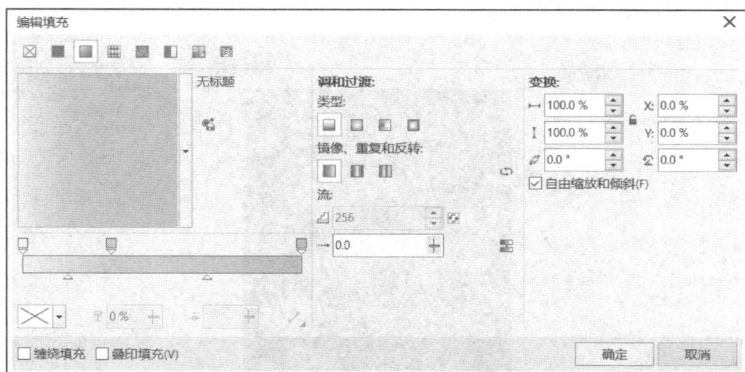

图 6-116　设置渐变填充

步骤 15：选择工具箱中的交互式填充工具，对颜色填充角度进行设置，效果如图 6-117 所示。

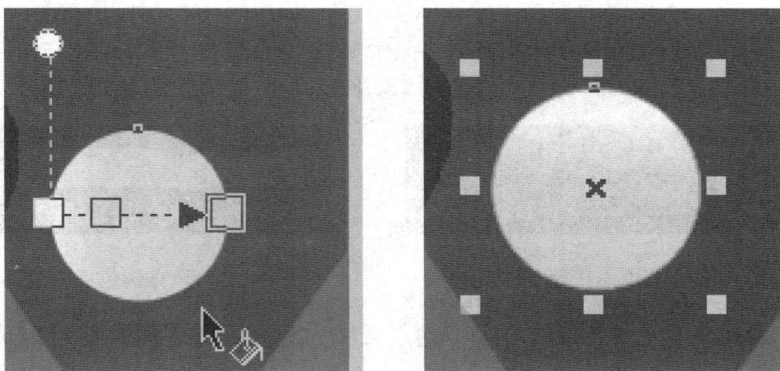

图 6-117　进行交互式填充的效果

步骤 16：选中椭圆图形，单击颜色面板中 CMYK 值为"金"的颜色，对图形外轮廓进行填色，并在属性栏中设置"轮廓宽度"为 2mm。同心缩小复制两个圆轮廓，并设置颜色 CMYK 值为"铜"的颜色，如图 6-118 所示。选择工具箱中的文本工具，输入如图 6-119 所示的文字符号，得到金币图形。

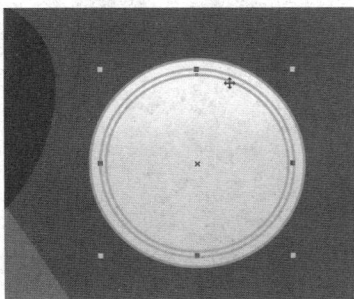

图 6-118　绘制椭圆轮廓线　　　　图 6-119　输入文字符号

步骤 17：复制出其余金币图形，适当放大或缩小，并进行旋转调整，效果如图 6-120所示。

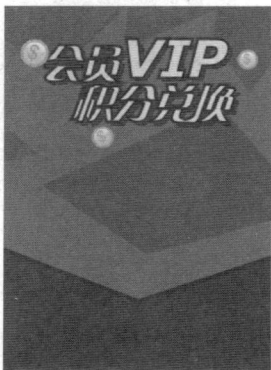

图 6-120　金币图形复制后的效果

步骤 18：选择工具箱中的矩形工具，绘制矩形，并使用工具箱中的形状工具进行调整，如图 6-121 所示。使用相同的方法绘制其他图形，并进行颜色填充，玫红色的 CMYK 值设置为（0,95,27,0），橙色的 CMYK 值设置为（3,78,93,0），效果如图 6-122 所示。

图 6-121　绘制矩形并调整形状

图 6-122　填充颜色后的效果

步骤 19：选择工具箱中的文本工具，输入文本内容并设置字体大小为 24pt；选中数字，设置字体大小为 36pt，如图 6-123 所示。选中整个句子，并设置字距，如图 6-124 所示，最终效果如图 6-125 所示。

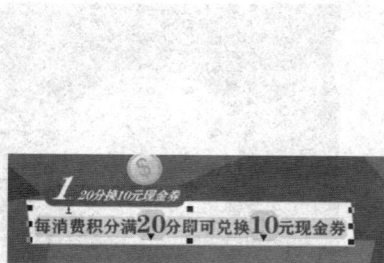

图 6-123　输入并设置文字大小

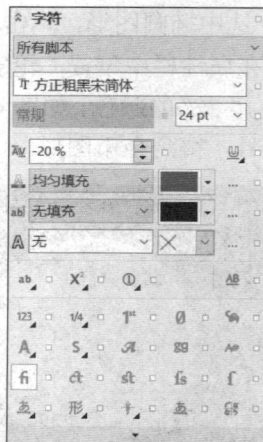

图 6-124　设置字距

图 6-125　设置文本属性后的效果

步骤 20：选择"文件"→"导入"选项，在打开的"导入"对话框中导入"礼盒""礼盒 2""礼盒 3"素材，对其进行放大或缩小处理后，放置在合适位置，如图 6-126 所示。

步骤 21：复制并调整所有文字和礼盒，效果如图 6-127 所示。

图 6-126　导入素材并调整

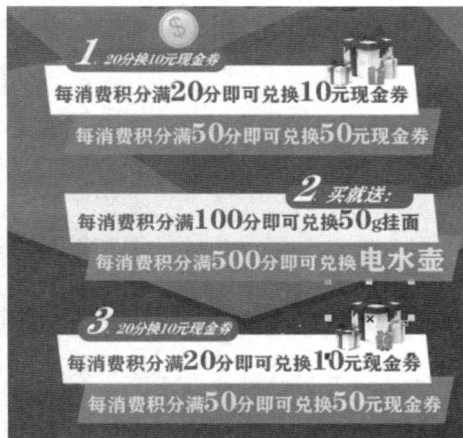

图 6-127　调整文字和图形后的效果

步骤 22：选择"文件"→"导入"选项，在打开的"导入"对话框中导入"降落伞"素材，进行放大、旋转处理后，放置在合适位置，最终效果如图 6-95 所示。

7 单元

交互式特效工具

单元导读

　　CorelDRAW X7 中所有的交互式特效工具都集中在交互式工具组中，使用很方便。用户利用这些交互式特效工具可以制作出丰富的交互效果。例如，使用变形工具、封套工具可以使对象发生扭曲变形，使用调和工具可以实现两个或多个对象之间的逐渐过渡，使用轮廓线工具、立体化工具、阴影工具可以使对象产生立体效果，而使用透明度工具则可以使对象产生透明效果。

学习目标

　　通过本单元交互式特效工具的学习，应熟练掌握 CorelDRAW X7 中阴影工具、轮廓图工具、调和工具、变形工具、封套工具、立体化工具、透明工具的使用方法。

思政目标

　　1. 培养遵规守纪、认真负责、严于律己的职业精神。

　　2. 树立服务社会的职业使命感和社会责任感。

7.1 阴 影 工 具

在 CorelDRAW X7 中，利用阴影工具 ▣ 可以快速为选中的对象添加逼真的阴影效果，使其产生一定的深度感。除了可以对阴影效果进行手动控制，用户还可以通过属性栏或泊坞窗设置阴影的羽化、不透明度和颜色等属性。

使用阴影工具可以为选中的对象添加任意角度的阴影效果：首先，在交互工具组中选择阴影工具；然后，将鼠标指针移至要添加阴影的对象上，按住鼠标左键不放，并向任意方向拖动，直至阴影的大小符合要求；之后，松开鼠标左键，即可为对象添加阴影效果，如图 7-1 所示。

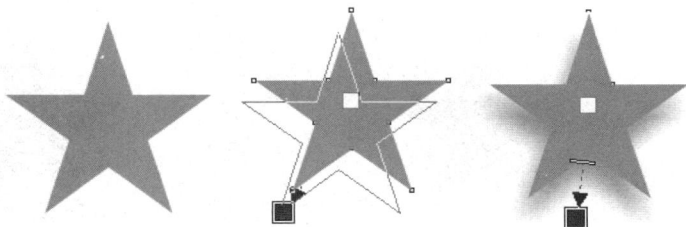

图 7-1　为对象添加阴影效果

用户可以通过阴影工具的属性栏对阴影效果进行精确设置，以更改其类型、方向、大小及不透明度等选项，从而使添加的阴影效果更加真实。当选择工具箱中的阴影工具之后，在属性栏中就会显示该工具的可设置选项，如图 7-2 所示。

图 7-2　阴影工具的属性栏

1）阴影偏移：在 x 轴或 y 轴后面的文本框中输入参数值（设置范围为-5080～5080mm），即可设置阴影在水平或垂直方向上与原对象之间的偏移距离，按 Enter 键即可应用。

2）阴影角度：在后面的文本框中输入数值（设置范围为-360～360）可以控制产生阴影的角度和位置，按 Enter 键确认；或者单击其右侧的按钮，然后拖动滑块进行调节。

3）阴影的不透明：在后面的文本框中输入数值（设置范围为 0～100）可以调整阴影的不透明度，参数值越小，添加的阴影越透明；反之，添加的阴影越不透明。

4）阴影羽化：在后面的文本框中输入数值（设置范围为 0～100）可以控制阴影的羽化程度，参数值越小，阴影的羽化效果越不明显；反之，羽化效果越明显。

5）"羽化方向"按钮 ▣：单击该按钮，在弹出的面板中可选择阴影羽化的方向，包括"向内""中间""向外""平均"4 种。

6）"羽化边缘"按钮 ▣：选择阴影羽化方向后，单击该按钮，在弹出的面板中可以选择阴影羽化的边缘样式，包括"线性""方形""反白方形""平面"4 种。

7）阴影淡出：在后面的文本框中输入数值（设置范围为 0～100）可以控制阴影淡入淡出的程度，参数值越大，淡入淡出效果越明显。

8）阴影延展：在后面文本框中输入数值（设置范围为 0～100）可以控制阴影的延展情况，参数值越小，阴影向靠近对象的方向延展；反之，阴影向远离对象的方向延展。

9）阴影颜色：单击其下拉按钮，在打开的下拉列表中可以选择阴影的颜色。

10）透明度操作：用于设置阴影和覆盖对象的颜色混合模式。单击其下拉按钮，在打开的下拉列表中可进行具体设置。

11）"复制阴影的属性"按钮 ：单击该按钮，可以将现有的阴影效果复制到没有添加效果的图形中。

12）"清除阴影"按钮 ：单击该按钮，可以将现有的阴影效果从对象上删除。

当用户根据需要进行设置之后，所选中的对象即可发生相应的变化，如图 7-3 所示为增加不透明度和减少羽化值后的效果。

图 7-3   调整不透明度和羽化参数后的效果

7.2   轮廓图工具

利用工具箱中的轮廓图工具 可以轻松地为所选对象创建轮廓图效果，同时在对象轮廓线的内部或外部添加与轮廓线形状一致的线条。通常情况下，轮廓图工具只能作用于单个对象，而不能同时作用于两个或两个以上的对象。创建轮廓图效果后，还可以通过设置轮廓色和填充色，使轮廓图对象与原对象之间产生自然的颜色渐变效果。在 CorelDRAW X7 中创建的任何对象，如基本形状、自由曲线或文本对象等，都可以通过该工具来创建轮廓线效果。

1. 轮廓图工具的属性栏

选择工具箱中的轮廓图工具，选择对象后，其属性栏如图 7-4 所示。

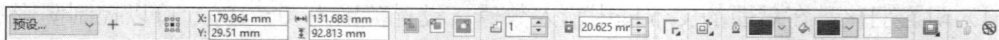

图 7-4   轮廓图工具的属性栏

1）"预设"下拉列表：其中提供了两个预设选项，用户可根据需要进行选择。单击"添加预设"按钮，可以将自定义轮廓图的效果添加为预设类型。如果需要删除轮廓图效果，则在下拉列表中选择要删除的预设类型，然后单击"删除预设"按钮即可。

2）"到中心"按钮：单击该按钮，轮廓线应用到对象中心。

3）"内部轮廓"按钮：单击该按钮，可以在对象的内部添加轮廓线。

4）"外部轮廓"按钮：单击该按钮，可以在对象轮廓的外部添加轮廓线。

5）"轮廓图步长"文本框 4 ：在该文本框中输入数值可以指定所选对象添加轮廓线的数目。

6）"轮廓图偏移"文本框 4.54 mm ：在该文本框中输入数值可以指定各条轮廓线之间的距离。

7）"轮廓色"下拉列表：在该列表中可以为渐进到终止点的轮廓线选择一种新的颜色。

8）"填充色"下拉列表：在该列表中可以为渐进到终止点的轮廓选择一种新的填充颜色。

9）"清除轮廓"按钮：为对象创建轮廓图效果后，单击该按钮，可以清除轮廓图效果。

设置轮廓图颜色、步长、偏移量属性后，单击属性栏中用于设置轮廓图类型的任意一个按钮，都可以为所选图形创建轮廓图效果，如图 7-5 所示。

图 7-5　内部轮廓效果、外部轮廓效果

2. 生成轮廓图

选择工具箱中的选择工具，选中要添加轮廓图的对象，选择工具箱中的调和工具，在弹出的下拉列表中选择轮廓工具，将鼠标指针移至对象上，在除中心点外的位置按住鼠标不放左键并拖动鼠标，松开鼠标左键后即可为所选对象添加轮廓图效果，如图 7-6 所示。

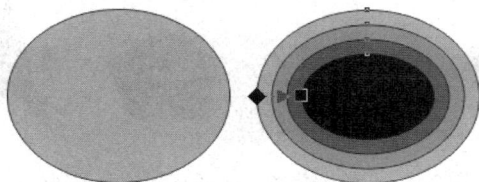

图 7-6　轮廓图效果

3. 拆分轮廓图

如果需要拆分轮廓化图形，那么可以先使用选择工具和轮廓工具选中轮廓化图形，然后选择"对象"→"拆分轮廓图群组"选项即可。选择工具箱中的选择工具，然后选中拆分的轮廓化对象并对其进行移动，此时可观察到轮廓图已经拆分开，如图 7-7 所示。

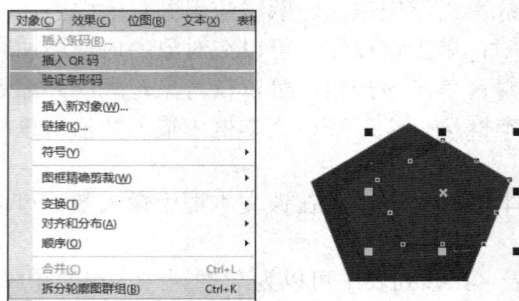

图 7-7　拆分轮廓图

4. 复制轮廓图属性

轮廓化图形也可以相互复制轮廓图属性。此外，当视图中同时包含轮廓化图形和普通图形时，可以将轮廓化图形的属性复制到普通图形当中。

将轮廓图属性复制到普通图形中的操作方法如下：首先选择工具箱中的选择工具，选中普通图形，然后选择工具箱中的轮廓工具，在属性栏中单击"复制轮廓图属性"按钮，当鼠标指针变为黑色箭头后，在轮廓化图形上单击，轮廓图属性即可复制到普通图形上，如图 7-8 所示。

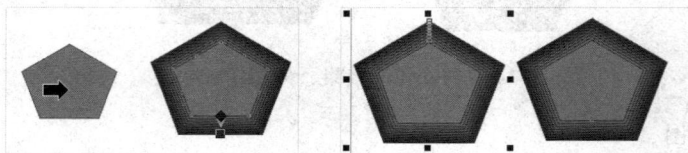

图 7-8　复制轮廓图属性

在轮廓化图形之间复制轮廓图属性的操作方法相同，效果如图 7-9 所示。

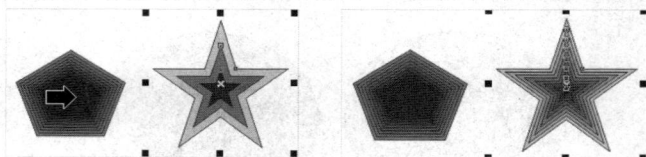

图 7-9　在轮廓化图形之间复制轮廓图属性

> **提示**
>
> 复制轮廓图属性只能复制轮廓图的步数、偏移量和轮廓线颜色，不能复制颜色填充属性。

7.3　调　和　工　具

CorelDRAW X7 中提供了调和工具，其功能强大、用途比较广泛。使用该工具可以在两个对象中间创建一个渐变的过程，即由一个对象从形状和颜色上逐渐过渡到另一个对象，在这两个对象中间将出现一系列过渡对象，它们将相互层叠并偏移一定的距离，由此使对象产生特殊效果。利用调和工具创建的基本过渡效果包括 4 种，分别为直接调和、手绘调和、沿路径调和、复合调和。

1. 直接调和

直接调和是一种比较简单的调和方式，当需要为对象创建直接调和时，可选择工具箱中的调和工具，在弹出的下拉列表中，会显示出相应的选项，如图 7-10 所示。调和工具的属性栏如图 7-11 所示。

图 7-10　调和工具下拉列表　　　　　　　　图 7-11　调和工具的属性栏

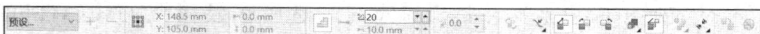

将鼠标指针移至要调和的第一个对象上，按住鼠标左键不放并拖动鼠标至另外一个对象上，然后松开鼠标左键，即可完成对象的调和，如图 7-12 所示。

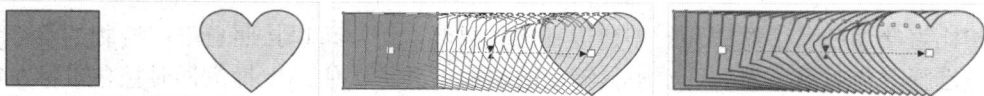

图 7-12　调和对象

使用调和工具为对象创建调和效果后，调和工具属性栏部分呈灰色的内容被激活，如图 7-13 所示。

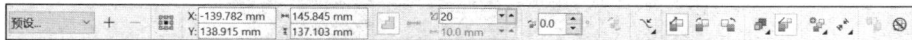

图 7-13　为对象创建调和后属性栏的状态

1）"预设"下拉列表：其中提供了多种调和模板，用户可以根据需要进行选择。单击"添加预设"按钮，可以将自定义的调和效果添加为预设类型。如果需要删除调和效果，则在下拉列表中选择要删除的预设类型，然后单击"删除预设"按钮即可。

2）"调和对象"文本框：在该文本框中输入数值可以定义调和对象之间的步长数，设置完成后，按 Enter 键即可应用于所选的调和对象。

3）"调和方向"文本框：在该文本框中输入数值可以设置中间生成的图形在调和远程

中的旋转角度。

4）"直接调和"按钮⊡：单击该按钮，颜色渐变的方式将为直接渐变。

5）"顺时针调和"按钮⊡：单击该按钮，颜色渐变的方式将为按色谱顺时针方向渐变。

6）"逆时针调和"按钮⊡：单击该按钮，颜色渐变方式将为按色谱逆时针方向渐变。

> **提示**
>
> 在设置旋转角度后，可以激活属性栏中的"环绕调和"按钮⊡，单击该按钮，可将环绕效果添加应用到调和中，形成弧形旋转调和效果。

7）"对象和颜色加速"下拉按钮⊡：单击该按钮，可弹出"加速"面板。拖动"对象"选项右侧的滑块，可以设置中间对象的加速方向和比率；拖动"颜色"选项右侧的滑块，可以设置中间对象颜色的加速方向和比率；启用后面的锁形状按钮，拖动时两个滑块会同时移动，此时可同时调整对象和颜色加速。在进行对象加速后，单击属性栏中的"调整加速大小"按钮⊡，可以调整调和中对象大小更改的速率。

8）"起始和结束属性"下拉按钮⊡：单击该按钮，在弹出的下拉列表中选择相应的选项，可以显示调和对象的起始点或终止点，也可以重新设置调和对象的起始点和终止点。

9）"路径属性"下拉按钮⊡：单击该按钮，在弹出的下拉列表中选择相应的选项，可以对调和对象中的路径属性进行设置，包括"新路径""显示路径""从路径分离"选项。

当视图中包含多个调和对象时，选中需要修改调和属性的调和对象，单击"复制调和属性"按钮⊡，当鼠标指针变为弯曲的箭头形状后再移动到用于复制调和属性的源对象上单击，即可复制源对象的调和属性到目标对象中。选中调和对象，单击属性栏中的"清除调和"按钮，可以清除调和效果。

2. 手绘调和

相比直接调和，手绘调和的创建过程比较灵活，用户可以按照自己所绘制的路径调和对象。选择一个对象，然后选择工具箱中的调和工具，按住 Alt 键的同时按住鼠标左键并拖动鼠标绘制一条路径，至另一个对象上时松开鼠标左键，即可完成手绘调和的操作，如图 7-14 所示。

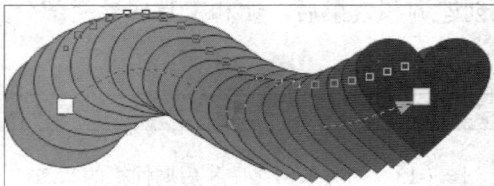

图 7-14　手绘调和的效果

3. 沿路径调和

如果要使调和适配于现有的路径，那么可以使用调和工具选中目标调和对象，在属性栏中单击"路径属性"下拉按钮，在弹出的下拉列表中选择"新路径"选项，或者在所选目标调和对象上右击，在弹出的快捷菜单中选择"新路径"选项，当鼠标指针变为弯曲的

箭头形状 ✔ 后再移动到需要绘制的路径上单击即可，效果如图 7-15 所示。

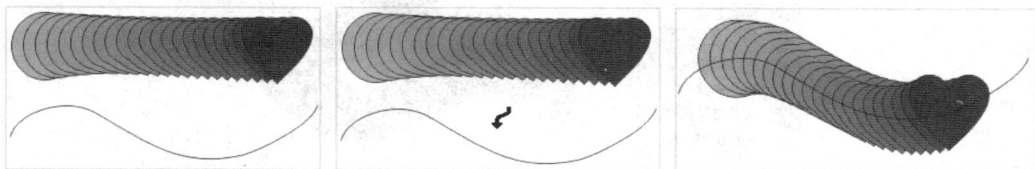

图 7-15 沿路径调和的效果

如果要使调和对象适配于整个路径，那么可在属性栏上单击"更多调和选项"下拉按钮 ，然后在弹出的下拉列表中选择"沿全路径调和"选项即可，效果如图 7-16 所示。

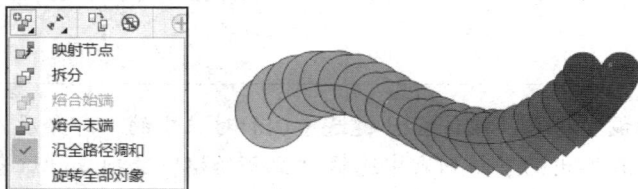

图 7-16 调和对象适配于整个路径

4. 复合调和

用户除了可以在两个对象之间创建调和，还可以在现有的调和中新增一个或多个对象，以创建复合调和，在执行该操作时，必须将新增对象连接到调和起始或结束对象上。

在创建复合调和时，先选择工具箱中的调和工具，然后拖动新增对象到已存在调和的起始或结束对象上，最后松开鼠标左键即可，如图 7-17 所示。

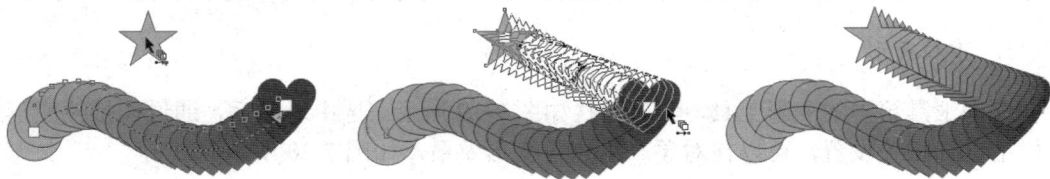

图 7-17 复合调和的效果

5. 拆分调和对象

利用拆分功能可以创建由两个调和组件组成的复合调和。在原始调和中，被选取为分离调和的对象就变成其中一个调和组件的起始对象和另一个调和组件的结束对象。通过对该对象进行编辑（如移动、修改大小等）可有效更改两个调和组件的外观。

当需要分离调和时，可以通过属性栏完成。具体操作时可以使用选择工具选中调和对象，在属性栏中单击"更多调和选项"下拉按钮，然后在弹出的下拉列表中选择"拆分"选项，当鼠标指针变为弯曲的箭头形状后再移动到要分离的对象上单击即可，如图 7-18 所示。

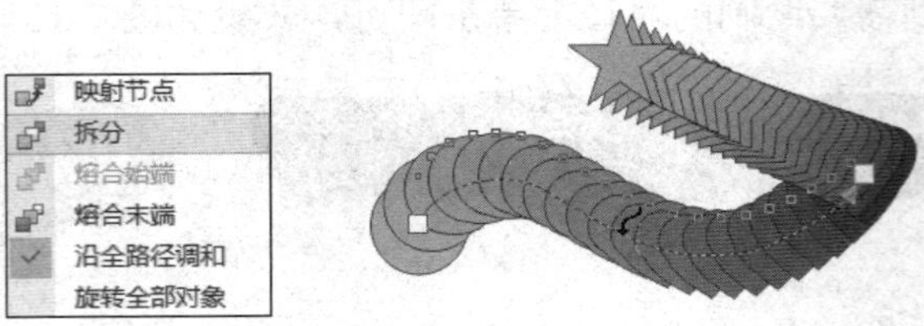

图 7-18　拆分调和对象

执行完分离调和操作后，对其中任意一个调和组件进行修改，都不会影响其他调和组件。如果需要选择复合调和的某部分，那么可以按住 Ctrl 键，然后在调和中的任意一个中间对象上单击即可。在分离调和时，不能使用与调和起始或结束对象相邻的中间对象来分离调和。

> **提示**
>
> 　　对于已拆分的调和对象，按住 Ctrl 键选中调和对象中的一部分后，单击"更多调和选项"下拉按钮，在弹出的下拉列表中选择"熔合始端"选项或"熔合末端"选项，即可在原始调和的起始或结束对象之间重新形成调和。

7.4　变　形　工　具

利用 CorelDRAW X7 提供的变形工具 可以轻松改变整个对象的外观，通过其中的推拉变形、拉链变形和扭曲变形 3 种变形方式的相互配合，可使图形产生各种变形效果。该工具适用于用 CorelDRAW X7 创建的各种对象，如规则形状、自由形状路径和美术字对象等。

1. 推拉变形

选择工具箱中的变形工具，其属性栏如图 7-19 所示。选中对象后，通过在推拉变形属性栏中进行相关设置，可以使对象产生相应变形效果，如图 7-20 所示。

图 7-19　推拉变形工具的属性栏

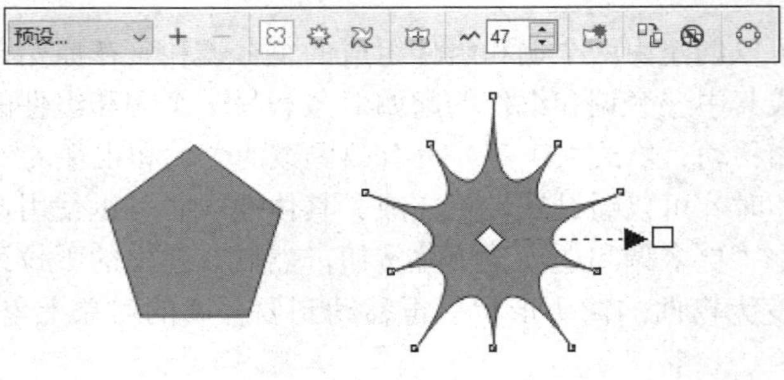

图 7-20　使对象产生变形效果

1）预设列表：系统提供的预设变形样式，可以在下拉列表中选择预设选项。

2）"添加预设"按钮 ：单击该按钮，可以将自定义变形的效果添加为预设类型。如果需要删除变形效果，则在下拉列表中选择要删除的预设类型，然后单击"删除预设"按钮即可。

3）"推拉振幅"文本框：在该文本框中输入数值（设置范围为-200～200）可以设置对象产生变形的程度，设置为正值时，将为对象应用推变形；设置为负值时，将为对象应用拉变形。

4）"居中变形"按钮 ：单击该按钮，会将变形中心移至对象的中心。

5）"转换为曲线"按钮 ：单击该按钮，会使变形后的形状转换为曲线图形。

选中未添加效果的图形，单击"复制变形属性"按钮 ，当鼠标指针变为黑色箭头后将其移至变形后的图形上并单击，变形属性即可复制到图形上。选中已添加变形效果的图形，单击"清除变形"按钮 ，可清除图形上的变形效果。

在未设置属性的情况下，如果要使对象产生变形，则需先将鼠标指针移至对象上，以确定变形中心点的位置，然后按住鼠标左键不放并拖动（向右推动对象的边缘，将使对象的节点远离变形中心；而向左拉动对象的边缘，将使节点靠近变形中心），达到所需效果后松开鼠标左键即可创建出变形效果，如图 7-21 所示。

图 7-21　向内或向外拖动鼠标呈现的效果

2. 拉链变形

拉链变形可以使对象产生锯齿状边缘，用户可以通过手动设置精确的数值来控制变形效果的幅度和频率。

选择工具箱中的变形工具，在属性栏中单击"拉链变形"按钮 ，然后在对象上按住鼠标左键并拖动即可使对象发生拉链变形，如图 7-22 所示。

用户按住鼠标左键并开始拖动处即为变形中心点，拖动菱形标志可随意移动其位置，拖动正方形标志可调制拉链变形的幅度，而拖动中心滑块可以调整拉链变形的频率（图 7-23）。

图 7-22　调整拉链变形的幅度　　　　图 7-23　调整拉链变形的频率

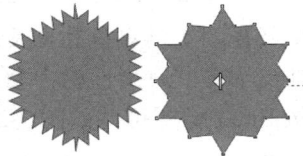

可通过属性栏对拉链变形效果进行精确设置。选择工具箱中的变形工具，单击工具属

性栏中的"拉链变形"按钮，即可显示相关的设置选项，如图 7-24 所示。

选中对象，在属性栏中设置相关参数，然后按 Enter 键，相应的拉链变形效果即可应用于该对象，如图 7-25 所示。

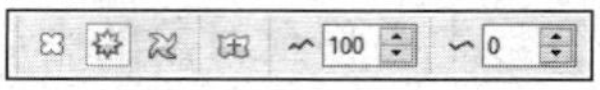

图 7-24　设置拉链变形效果 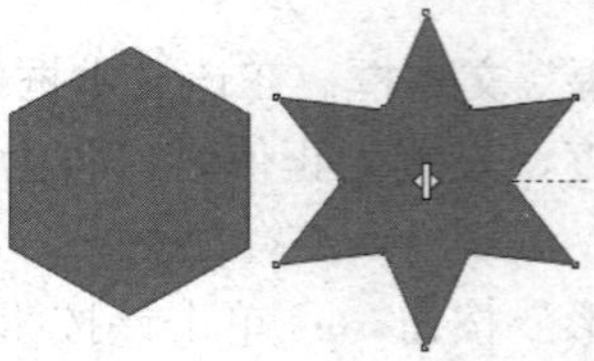　　　　图 7-25　应用拉链变形效果

在"拉链失真振幅"文本框中，可以设置对象产生变形的程度，可设置范围为 0～100：参数值越大，产生的拉链频率越高，即对象上产生的钢齿数量越多，拉链变形效果越明显。

3.　扭曲变形

扭曲变形可使整个对象以一点为变形中心点进行旋转，同时使其外形发生变化。当需要扭曲变形对象时，首先选择工具箱中的变形工具，然后单击属性栏中的"扭曲变形"按钮 ，将鼠标指针移至对象上，按住鼠标左键的同时按顺时针或逆时针方向拖动鼠标，在获得所需效果并松开鼠标左键后，即可使对象产生扭曲变形，如图 7-26 所示。

图 7-26　使对象产生扭曲变形

提示

变形后的对象上将会用菱形标志来显示变形中心点，用户可根据需要移动其位置。与此同时，变形中心点将会延伸出两条虚线：其中一条虚线始终保持水平状态，称为原点水平线；拖动另一条带箭头虚线上的圆形标志将会改变对象旋转的角度，这条虚线也会随之改变位置，这样可以精确度量旋转的度数。

如果要实现对象的精确扭曲变形，那么可先选择工具箱中的选择工具，选中对象，然后选择扭曲变形方式，属性栏中会显示相应设置内容，如图 7-27 所示。之后在属性栏中设置参数并按 Enter 键即可，如图 7-28 所示。

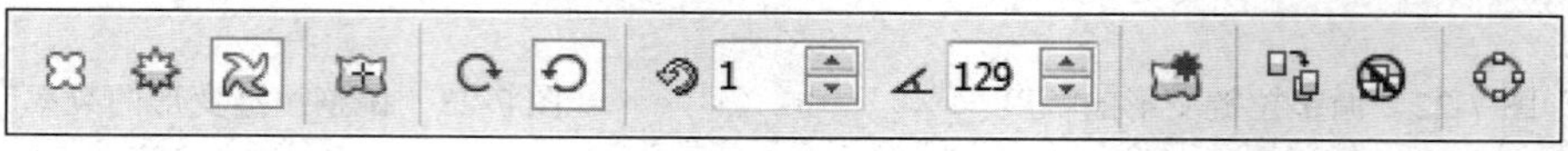

图 7-27　设置扭曲变形属性

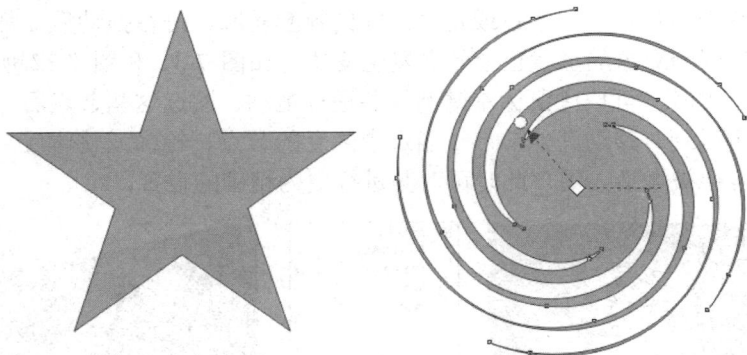

图 7-28 扭曲变形调整参数后的效果

1）"逆时针旋转"按钮⟳：单击该按钮，所选对象将按逆时针方向旋转变形。

2）"顺时针旋转"按钮⟲：单击该按钮，所选对象将按顺时针方向旋转变形。

3）"完整旋转"文本框：在该文本框中输入数值可以设置对象旋转的圈数，数值越大，其变形效果越明显。

4）"附加度数"文本框 ∡ 129 ⇕：当设置旋转的圈数后，还可以在该文本框中输入另外旋转的度数，这样可以在旋转相应的圈数后，再旋转相应的角度。

7.5 封 套 工 具

CorelDRAW X7 中还提供了封套工具，利用该工具可以简单高效地改变对象的外观形状。为需要改变形状的对象添加封套之后，就如同将该对象放置到另一个对象中，在其周围会显示蓝色的封套虚线轮廓，而轮廓线上又会显示方形的封套节点。通过移动节点的位置，或者改变封套的形状，可以达到更改所选对象形状的目的。

选择工具箱中的选择工具，选中需要变形的对象，然后选择工具箱中的封套工具🔲，其属性栏如图 7-29 所示，所选对象周围会显示封套虚线轮廓，如图 7-30 所示。

图 7-29 封套工具属性栏

图 7-30 添加封套的效果

使用该工具选中任意一个节点或是节点间的封套轮廓，进行拖动后，都可以改变封套的形状，已添加封套对象的形状也会随之发生变化，如图 7-31 和图 7-32 所示。当需要移动多个节点的位置时，可按住鼠标左键不放并进行拖动，圈选这些节点后，只要拖动任意一个节点，就可以同时移动其他节点。当选中封套的节点、轮廓或整体后，属性栏中间部分呈灰色的内容会被激活，用户此时可对其进行更为精确的设置。

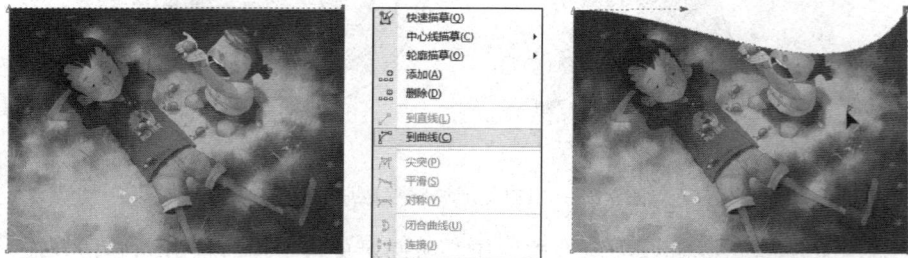

图 7-31　调整封套节点

图 7-32　调整封套轮廓

1）"选取范围模式"下拉列表：在该列表中，包含矩形和手绘两种选择封套节点的模式，默认为矩形模式。在矩形模式下，可以使用矩形的虚线框框选节点；在手绘模式下，可以以任意轮廓圈选节点。

2）"添加节点"按钮：在封套中选择任意一个或多个节点，单击该按钮，会以逆时针方向在两个节点之间添加一个节点。如果选择全部节点，就会同时在原有的任意两个节点之间增加一个节点。

3）"删除节点"按钮：在封套中选择一个或多个节点，单击该按钮，可以将节点删除。如果选择全部节点，则该按钮呈灰色，无法使用。

4）"转换为线条"按钮：单击该按钮，可以将封套轮廓中的曲线转换为直线。

5）"转换为曲线"按钮：单击该按钮，可以将封套轮廓中的直线转换为曲线。改变封套形状后，单击该按钮，可以将封套连同图形一起转换为曲线图形。

6）"直线模式"按钮：单击该按钮，只能在水平或垂直方向上移动封套轮廓线上的节点，节点两侧的路径线段可以为直线段或曲线段，并且会组成 V 形。

7）"单弧模式"按钮：单击该按钮，只能在水平或垂直方向上移动封套轮廓线上的节点，节点两侧的路径段将形成弧形。

8）"双弧模式"按钮：单击该按钮，只能在水平或垂直方向上移动封套轮廓线上的节点，并且可使节点某一侧的路径段形成 S 形。

9）"非强制模式"按钮：单击该按钮，可以通过自由移动节点的位置来随意调节封套的形状，如同使用选择工具和形状工具修整对象。

10）"添加新封套"按钮：在改变封套外形后，单击该按钮，可以在现有的变形效果基础上重新建立封套。

11）"创建封套自"按钮：如果希望将当前绘制的对象创建为封套样式，可选中想要应用封套的对象，然后单击该按钮，当鼠标指针变为黑色箭头形状之后，再单击要作为封套的对象，即可将该对象创建为封套。

12）"映射模式"下拉列表：封套改变对象外观的方法，即对象放置到封套中的方式，设置后不会对封套本身的形状造成影响。该列表中有 4 种映射模式，分别为"水平""原始""自由变形""垂直"，默认为"自由变形"。

13）"保留线条"按钮：单击该按钮，可以在不改变图形外观的状态下调整封套外形。

14）"复制封套属性"按钮：单击该按钮，可以在已利用封套变形的对象之间复制封套属性。

15）"清除封套"按钮：单击该按钮，可以将创建的封套清除。

7.6 立体化工具

利用 CorelDRAW X7 中的立体化工具可以为对象添加立体化效果，从而使对象产生纵深感，以及较好的三维效果。利用 CorelDRAW X7 所创建的任意矢量图形，都可以利用立体化工具创建立体化效果。

使用立体化工具为对象创建立体化效果的具体方法为，将鼠标指针移至对象上，按住鼠标左键不放并进行拖动，出现矩形透视线预览效果，松开鼠标左键即可使对象产生立体化效果，如图 7-33 所示。对于创建的立体化对象，用户可以通过拖动灭点标记（黑色 X 形符号）来改变对象立体化的方向，如图 7-34 所示；沿灭点标记方向拖动中心滑块可以改变对象立体化的深度，如图 7-35 所示。

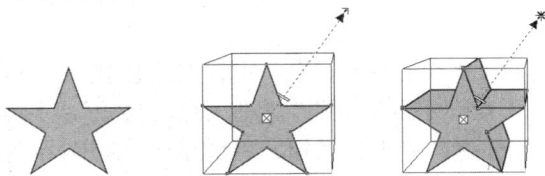

图 7-33 创建立体化效果

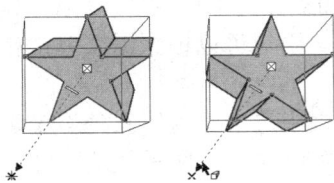

图 7-34 改变立体化方向

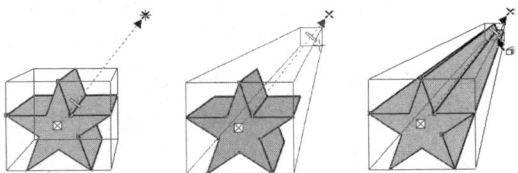

图 7-35 改变立体化深度

177

除上述方法外，用户也可以通过在立体化工具属性栏中进行设置，使对象产生立体化效果。选中要添加立体化效果的图形对象，选择工具箱中的立体化工具，其属性栏如图 7-36 所示。

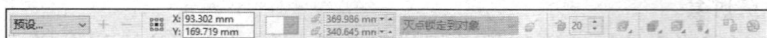

图 7-36　立体化工具的属性栏

此时，用户可以在"预设"下拉列表中为图形对象选择需要预设的立体化样式，使图形对象产生立体化效果，如图 7-37 所示。

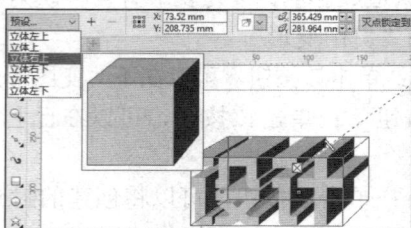

图 7-37　应用预设的立体化设计

只要对图形对象应用立体化效果，就可以将属性栏中之前未激活状态的灰色部分激活，如图 7-38 所示。

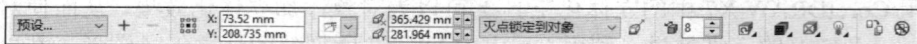

图 7-38　激活后的立体化工具属性栏

1）"立体化类型"下拉列表：该列表中提供了 6 种立体化类型，用户可以根据需要进行选择。

2）"深度"文本框：在该文本框中输入数值（设置范围为 1～99）后按 Enter 键，可以精确地控制对象立体化的深度。

3）"灭点坐标"文本框：在该文本框中输入灭点的坐标值后按 Enter 键，可以精确定位灭点的位置。

4）"灭点属性"下拉列表：在该列表中，可以对立体化对象的属性进行选择，其中包括"灭点锁定到对象""灭点锁定到页面""复制灭点，自…""共享灭点"。

5）"立体化旋转"按钮：单击该按钮，将弹出一个控制界面，使用鼠标拖动圆盘即可旋转所选的立体化对象。单击该控制面板中的按钮，将转换为一个参数界面，通过在"旋转值"选项组中设置 X、Y、Z 的参数值，可以精确控制立体化对象旋转的角度。

6）"立体化颜色"按钮：单击该按钮，会弹出一个面板，其中包括"使用对象填充"按钮、"使用纯色"按钮和"使用递减的颜色"按钮，用户可以根据需要单击相关按钮，以对立体化效果的颜色进行设置。

7）"立体化倾斜"按钮：单击该按钮，在弹出的面板中选中"使用斜角修饰边"复选框，并在"斜角修饰边深度"与"斜角修饰边角度"文本框中输入所需数值，即可创建带有斜边的立体效果。

8）"立体化照明"按钮：单击该按钮，在弹出的面板中可以选择光源的类型和光线的强度，从而为对象添加光照效果。

通过在属性栏中进行合理设置，可以多方面增强立体化效果，从而使其更为精准，如图 7-39 所示。

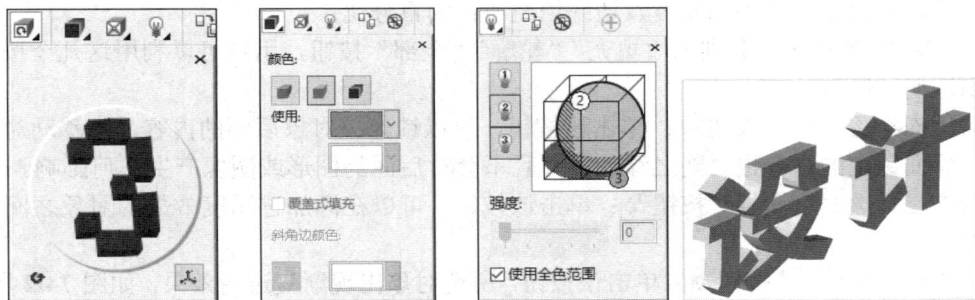

图 7-39　增强立体化的图形效果

7.7　透明度工具

利用透明度工具![icon]可以为对象添加透明效果。由于直接在图形对象上添加透明效果不太明显，因此这里将导入一张位图作为要调整对象的底图。选中要创建透明效果的对象，然后选择工具箱中的透明度工具，将鼠标指针移至对象上，按住鼠标左键不放并拖动，松开鼠标左键后，即可为对象创建线性透明效果，如图 7-40 所示。

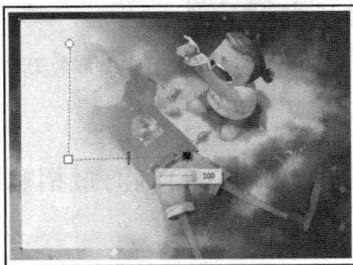

图 7-40　创建线性透明效果

在为对象创建透明效果后，透明度工具属性栏中的各个选项均被激活，如图 7-41 所示。

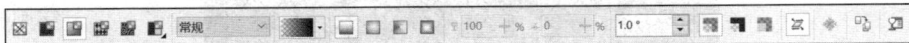

图 7-41　激活后的透明度工具属性栏

1）"无透明度"按钮![icon]：单击该按钮，可以删除之前制作的透明效果。

2）![icon]按钮：透明度类型按钮，单击其中一个按钮，可以添加相应的透明效果。

3）"透明中心点"文本框：在该文本框中输入数值（设置范围为 0～100）可以设置渐变透明的中点位置，参数值越大，渐变效果越明显。

4）"角度和边界"文本框：在顶部的文本框中输入数值（设置范围为-360°～360°）可以设置产生渐变透明的角度，在底部的文本框中输入数值（设置范围为 0～49）可以设置渐变透明的边缘填充所占的百分比，参数值越大，颜色过渡越明显。另外，也可以通过拖动控制柄来设置渐变透明角度及边缘填充所占的百分比。

5）　　　　按钮：分别为"填充""轮廓""全部"按钮，用户可以利用这几个按钮选择应用透明的区域。

6）"冻结透明度"按钮　：单击该按钮，可以锁定该对象后面的内容，当移动对象位置时，后面锁定的内容也会随之移动，并且不会对后面的图形或图像产生任何影响。

7）"复制透明度属性"按钮　：单击该按钮，可以在添加透明度效果的对象之间复制透明度属性。

8）"渐变透明度"按钮　：单击该按钮，所选对象出现渐变透明效果，如图 7-42 所示。

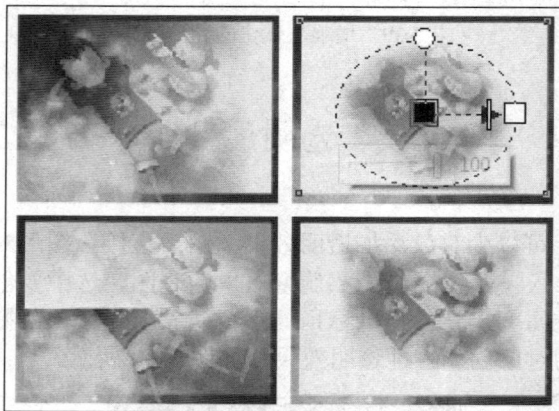

图 7-42　渐变透明度类型效果

========== 课堂案例1：绘制海报招贴 ==========

案例目标

学习使用交互式工具组绘制海报招贴，如图 7-43 所示。

绘制海报招贴

图 7-43　海报招贴

知识点拨

使用交互式填充工具填充底色，使用交互式调和工具绘制渐变色正圆，并使用交互式立体化工具制作文字。

实现步骤

步骤 1：选择"文件"→"新建"选项，创建新文档。

步骤 2：选择工具箱中的矩形工具，创建一个宽 150mm、高 100mm 的矩形，如图 7-44 所示。

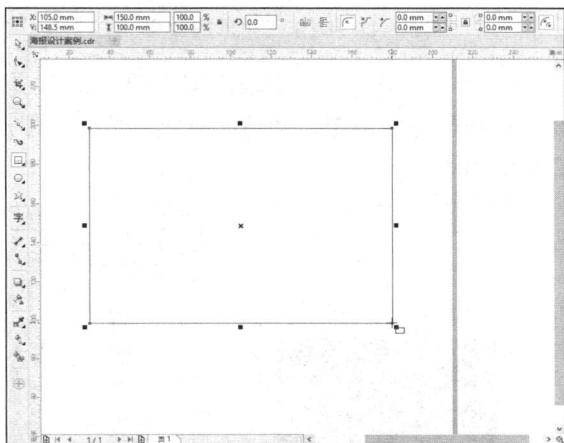

图 7-44　创建矩形

步骤 3：单击"交互式填充"按钮 ，对矩形进行渐变填充，并设置椭圆形填充，同时分别对两个节点设置颜色，如图 7-45 和图 7-46 所示。

图 7-45　设置椭圆形填充

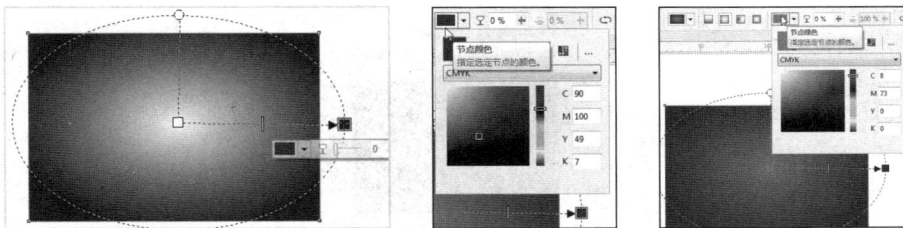

图 7-46　调整节点颜色

步骤 4：选择工具箱中的多边形工具，在其属性栏中设置边数为 3，然后在视图中绘制三角形，并调整旋转中心点的位置，旋转复制一个新的三角形，并按 Ctrl+R 组合键重复上一个动作，效果如图 7-47 所示。

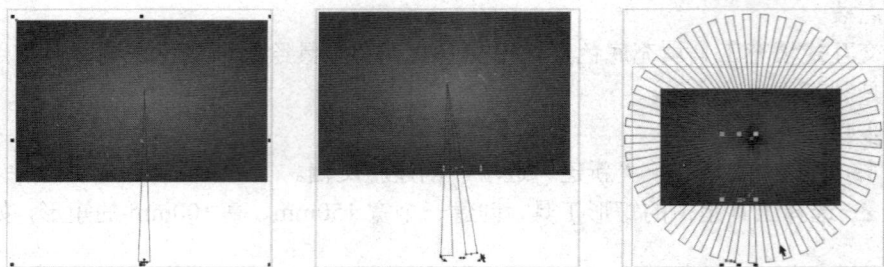

图 7-47　制作三角形的效果

步骤 5： 打开"对象管理器"泊坞窗，全选图形，按住 Ctrl 键并单击，取消矩形选择。然后使用 Ctrl+G 组合键将三角形进行群组，并填充颜色，然后右击，在弹出的快捷菜单中取消三角形的外轮廓，效果如图 7-48 所示。

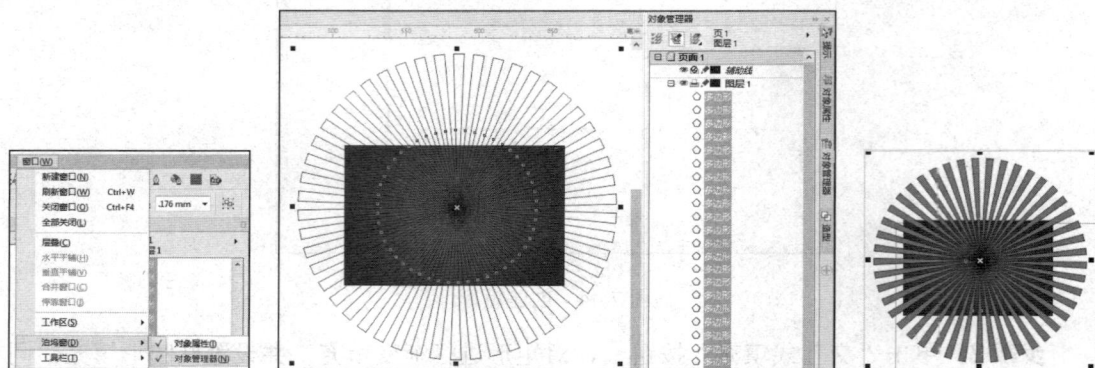

图 7-48　制作光芒线

步骤 6： 选择工具箱中的透明度工具，在其属性栏中设置均匀透明度，效果如图 7-49 所示。

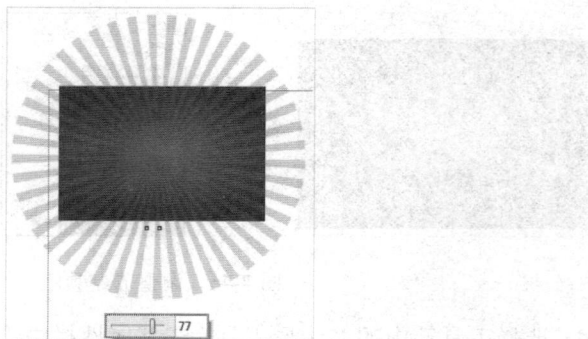

图 7-49　设置均匀透明度

步骤 7： 选择"对象"→"图框精确剪裁"→"置于图文框内部"选项，将三角形的群组图形放置在渐变背景中，效果如图 7-50 所示。

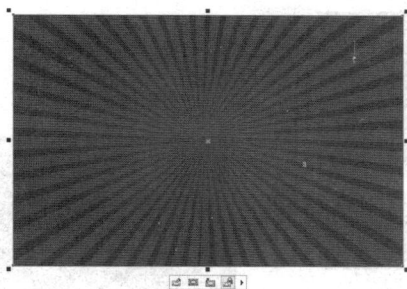

图 7-50　将图形放置在背景中

步骤 8：选择工具箱中的椭圆形工具，按住 Ctrl 键绘制红色正圆，配合 Shift 键中心缩小正圆并调整填充颜色为黄色，然后选择工具箱中的调和工具，创建调和图形，如图 7-51 所示。

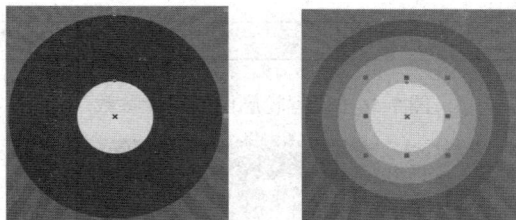

图 7-51　创建调和图形 1

步骤 9：复制并缩小调和图形，调整其位置，并分别以红黄的同类色为主来调整圆的颜色。将所有圆形选中，然后使用 Ctrl+G 组合键进行群组，如图 7-52 所示。

步骤 10：选择工具箱中的文本工具，创建文字，选择工具箱中的立体化工具，创建立体文字，设置深度为 13，效果如图 7-53 所示。

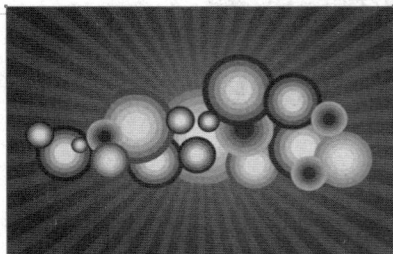

图 7-52　调整调和图形的颜色　　　　图 7-53　创建立体化文字

步骤 11：将"海报设计"立体字单独复制出来，如图 7-54 所示，单击"清除立体化"按钮，清除其立体化效果，并将文字置于立体字上方，调整文字位置，设置文字白色外轮廓。

步骤 12：选择工具箱中的椭圆形工具，绘制大小两个正圆，配合 Alt 键使用调和工具在两个圆之间进行绘制，创建由大变小的调和图形，如图 7-55 所示。

图 7-54　制作立体字效果

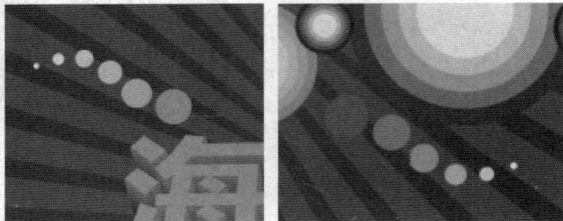

图 7-55　创建调和图形 2

步骤 13：选择工具箱中的文本工具，创建文字，并选择工具箱中的轮廓图工具，绘制轮廓，如图 7-56 和图 7-57 所示。

图 7-56　设置轮廓图的属性参数

图 7-57　创建文字的效果

步骤 14：绘制正圆图形，并选择工具箱中的变形工具，调整图形，如图 7-58 所示。至此，海报招贴绘制完成，最终效果如图 7-43 所示。

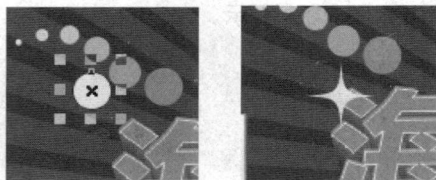

图 7-58　制作闪光点效果

课堂案例 2：绘制清爽的螺旋圆环图案

案例目标

学习使用交互式工具组绘制清爽的螺旋圆环图案。

知识点拨

使用交互式变形工具的扭曲效果对图形进行变形处理，并用透明度工具调整螺旋圆环的透明度，使用文本工具写出设计中需要的

绘制清爽的螺旋圆环图案

文字，使用交互式填充工具对图案和文字进行渐变填充。

　　使用变形工具可以对绘制的图形进行任意旋转或拖动，形成新的图形效果。本案例首先使用椭圆形工具绘制圆形，然后使用变形工具对圆形进行变形，再适当调整其透明度，加强层次效果，制作出清爽的图案，最终效果如图 7-59 所示。

图 7-59　螺旋圆环图案

实现步骤

步骤 1：创建一个空白文档，选择工具箱中的矩形工具，绘制一个与页面大小相同的矩形，如图 7-60 所示，将图形填充为浅灰色，并去除轮廓线。

步骤 2：选择工具箱中的椭圆形工具，按住 Ctrl 键不放，在矩形中单击并拖动，绘制一个圆形，如图 7-61 所示。

步骤 3：选中圆形，选择工具箱中的变形工具，在属性栏中单击"扭曲变形"按钮，在圆形中单击并旋转拖动，使圆形变形，效果如图 7-62 所示。

图 7-60　绘制矩形图形　　　　图 7-61　在矩形中绘制圆形　　　　图 7-62　扭曲变形圆形

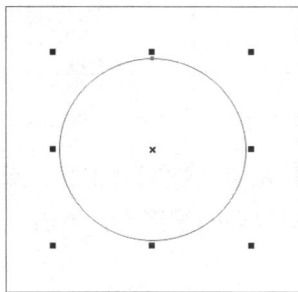

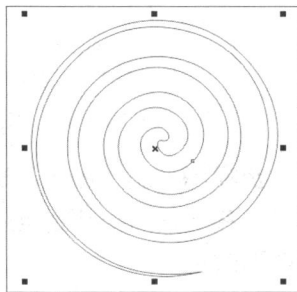

步骤 4：将图形调整到合适的大小和位置，先选中矩形图形，再按住 Shift 键选中螺旋图形，单击属性栏中的"相交"按钮![ ]，修剪图形，并移除最上方的图形，得到如图 7-63 所示的效果。

步骤 5：选择工具箱中的交互式填充工具，为图形填充合适的颜色，并去除轮廓线，如图 7-64 所示。

步骤 6：选择螺旋图形，选择工具箱中的透明度工具，单击属性栏中的"均匀透明度"按钮![ ]，设置透明度为 50，使螺旋图形与矩形融合，如图 7-65 所示。

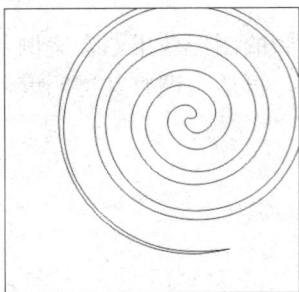

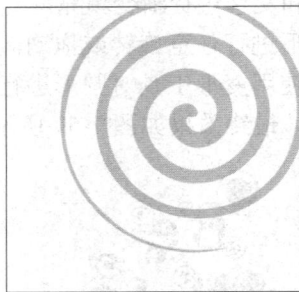

图 7-63　修剪图形　　　　　　　图 7-64　填充颜色　　　　　　图 7-65　使螺旋图形与矩形融合

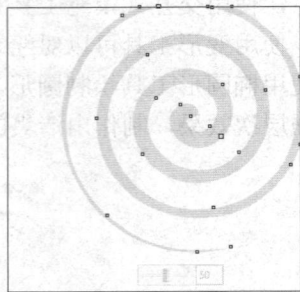

步骤 7：使用相同的方法，在左下角绘制一个螺旋图形，调整其位置和大小，并修剪多余图形，如图 7-66 所示。

步骤 8：使用交互式填充工具为新绘制的图形填充与上一图形相同的颜色，如图 7-67 所示。

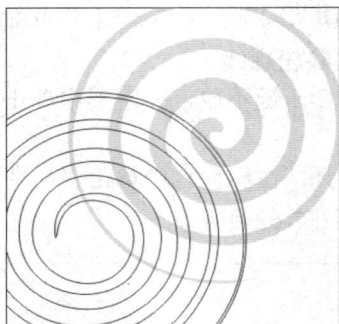

图 7-66　再次绘制螺旋图形　　　　　　　　图 7-67　为新图形填充颜色

步骤 9：选中图形，选择工具箱中的透明度工具，单击属性栏中的"复制透明度"按钮，移动鼠标指针到至应用透明效果的图形上，单击复制透明属性，得到如图 7-68 所示的图形效果。

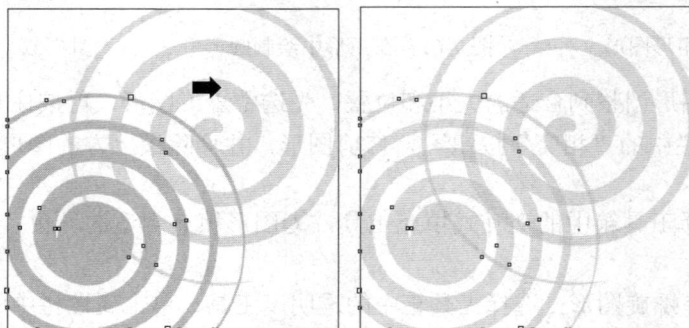

图 7-68　复制透明度

步骤 10：使用文本工具在图中输入文字，并为文字设置合适的字体、大小和间距，如图 7-69 所示。

步骤 11：选择工具箱中的椭圆形工具，按住 Ctrl 键不放，在文字上方单击并拖动鼠标，绘制一个正圆图形，如图 7-70 所示。

图 7-69 输入文字

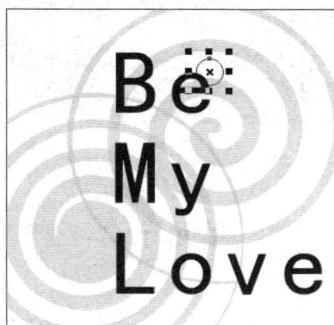

图 7-70 绘制正圆图形

步骤 12：选择工具箱中的变形工具，在圆形上单击并旋转拖动鼠标，制作螺旋图形，如图 7-71 所示。

步骤 13：选择工具箱中的椭圆形工具，在图中绘制多个圆形，并复制变形属性，制作多个螺旋图形效果，如图 7-72 所示。

步骤 14：选中当前的螺旋图形和文字，然后单击属性栏中的"合并"按钮，合并图形和文字，并自动填充为黑色，如图 7-73 所示。

图 7-71 制作螺旋图形

图 7-72 制作多个螺旋图形

图 7-73 合并文字和图形

步骤 15：使用交互式填充工具对文字和图形填充渐变色，最终效果如图 7-59 所示。

8 单元

图形和图像处理

单元导读

CorelDRAW X7 提供了强大的位图编辑功能，不仅可以将矢量图转换为位图，还可以为位图添加各种效果。

当需要为位图添加特殊效果时，可以使用位图菜单中提供的滤镜选项来实现。滤镜选项提供了多个滤镜组，而在每个滤镜组中又包含多个子滤镜选项。在选中位图图像后，执行所需命令，然后在打开的对话框中进行选项设置，即可为图像添加相应的特殊效果。

学习目标

通过本单元对图形和图像处理的学习，应熟练掌握 CorelDRAW X7 中透视效果、图框精确剪裁、透镜效果、图形和图像色调调整、位图处理的使用方法和技巧。

思政目标

1. 提升审美感知能力和美学素养，增强专业能力，强化职业技能。

2. 养成认真负责、一丝不苟、尽职尽责的工作态度。

8.1　透视效果

在 CorelDRAW X7 中，为对象执行"效果"→"添加透视"命令后，可以通过缩放对象的一侧边缘来模拟单点或双点透视此外，透视效果也可以使二维图形产生三维立体效果。

1.　创建透视效果

可以为对象创建单点透视和双点透视两种类型。单点透视是指缩放对象一侧的边缘，以使其呈现出沿一个方向的透视效果；两点透视是指缩放对象某两侧的边缘，使其呈现出沿两个方向的透视效果。

选择工具箱中的选择工具，选中要创建透视效果的对象，选择"效果"→"添加透视"选项，该对象周围就会出现具有 4 个节点的网格框，并且会自动切换到形状工具。如果要创建单点透视效果，则可先按住 Ctrl 键，然后将鼠标指针移至网格框上的任意一个节点并按住鼠标左键不放，沿水平或垂直方向拖动鼠标，移至合适位置后松开鼠标左键即可完成单点透视效果的创建，如图 8-1 所示。

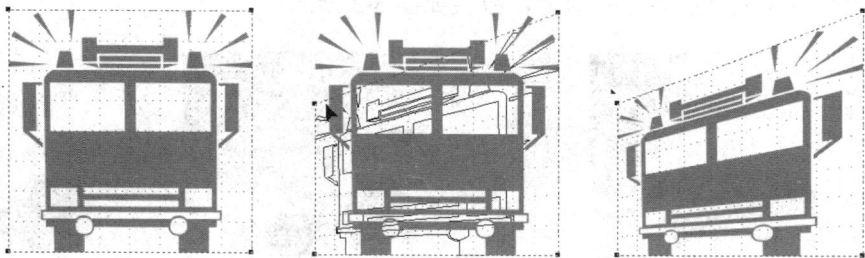

图 8-1　创建单点透视效果

> **提示**
>
> 当按住 Ctrl+Shift 组合键拖动节点时，与该节点相对的节点可沿相反方向移动相同的距离。

如果要创建两点透视效果，则可拖动网格框上的任意一个节点，沿对角线方向拖向或拖离对象中心，如图 8-2 所示。

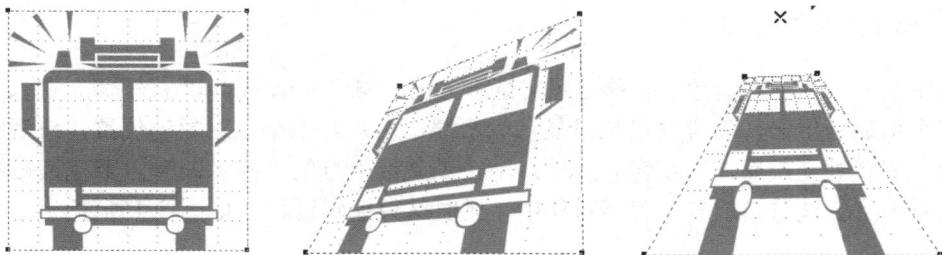

图 8-2　创建两点透视效果

2. 清除透视效果

如果需要清除为对象添加的透视效果，可以使用选择工具选中该对象，然后选择"效果"→"清除透视点"选项。

8.2 图框精确剪裁

利用图框精确剪裁功能可以将一个矢量对象或图像放置到其他对象中，从而创建一个新的对象。当放置在容器对象中的内容对象比容器大时，内容将被裁剪，以适应容器。

用户在创建完成图框精确剪裁对象后，可以对内容和容器进行修改，也可以提取内容，以便在删除或修改内容时不影响容器。

1. 创建图框精确剪裁对象

选中内容对象，选择"对象"→"图框精确剪裁"→"置于图文框内部"选项，鼠标指针此时将变为水平箭头形状，将其移至容器对象上并单击，即可将该对象置入容器中，并且会以两个对象的中心点进行对齐，效果如图 8-3 所示。

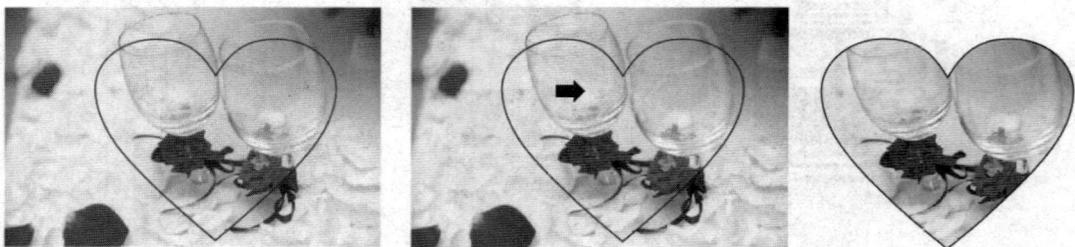

图 8-3 将对象放置在图文框内部

2. 提取内容

如果需要将置入容器对象中的内容对象提取出来，则单击图文框下方的"提取内容"按钮 即可。提取内容后，图框精确剪裁对象将变成普通对象。

3. 编辑和锁定内容

选中图框精确剪裁对象后，单击图文框下方的"编辑 PowerClip"按钮 ，置入容器的对象将全部显示出来，而容器对象只显示轮廓线，用户可调整该对象的位置，或者对其进行缩放、旋转等变换操作。编辑完成后，单击图文框下方的"停止编辑内容"按钮 ，修改过的对象将会被重新放置到容器对象中，同时结束编辑过程，如图 8-4 所示。

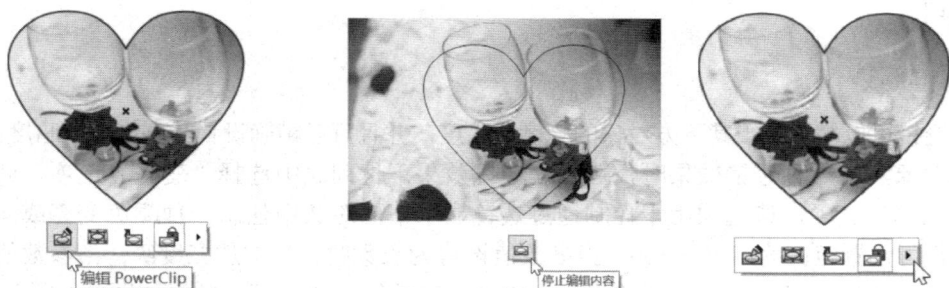

图 8-4　编辑图文框中的内容

在图框精确剪裁状态下，"锁定 PowerClip 的内容" 按钮锁定默认，如图 8-5 所示。如果需要解锁锁定内容，则右击对象，再单击图文框下方的按钮即可。解锁锁定内容后，如果移动容器，则该内容并不跟随移动，当内容对象大于容器对象时，可以观察到内容对象的其他部分。在解锁锁定内容状态下，也可以放大或缩小内容。

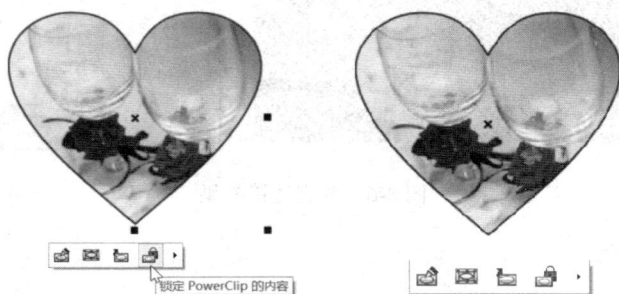

图 8-5　解锁图文框中的内容

8.3　透　镜　效　果

利用"透镜"泊坞窗可为对象创建透镜效果，其中共提供了 11 种透镜效果，分别是变亮、颜色添加、色彩限度、自定义彩色图、鱼眼、热图、反转、放大、灰度浓淡、透明度和线框透镜，下面详细介绍这些透镜效果的作用和设置方法。

8.3.1　应用透镜

为对象创建透镜效果时，为了使其更为明显，可以导入一张位图配合观察，也可以将绘制完成的矢量图作为应用透镜的对象。

具体操作时，选择"效果"→"透镜"选项，打开"透镜"泊坞窗，使用合适的绘图工具绘制需要创建为透镜的对象，然后将其移至应用透镜的对象上方。在"透镜"泊坞窗中的透镜效果下拉列表中选择透镜效果。根据所选透镜效果的不同，泊坞窗中将显示不同的设置选项，用户可根据具体要求进行设置，当设置完成后，单击"应用"按钮即可完成透镜的应用。

1. 变亮透镜

变亮透镜可以增加位于其下方对象的亮度或暗度，并且可以精确设置其亮度值或暗度值。

在为对象添加这种透镜效果时，可以在透镜效果下拉列表中选择"变亮"选项，此时将显示"比率"选项，该选项用于控制通过透镜显示下面对象中任意一种颜色变亮或变暗的程度，其可设置范围为-100～100。当参数值设置为正数时，将增加亮度级；当参数值设置为负数时，将增加暗度级。设置完成后，单击"应用"按钮即可，效果如图8-6所示。

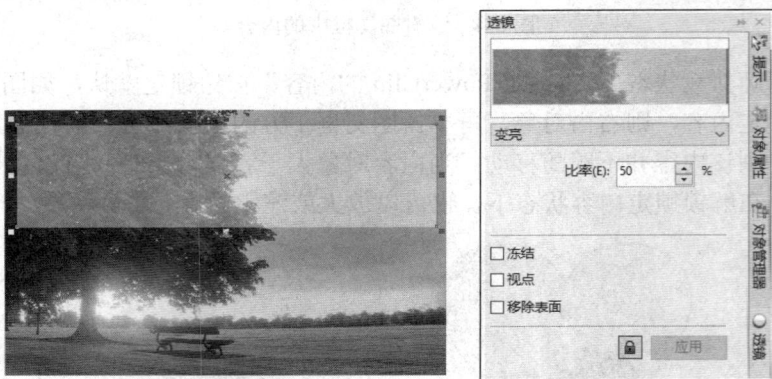

图 8-6　变亮透镜效果

2. 颜色添加透镜

颜色添加透镜利用一个黑色背景中的 3 个聚光灯（红色灯、绿色灯、蓝色灯）来模拟加法光源模型。在为对象添加该透镜效果时，位于透镜下面对象的颜色将被添加到透镜的颜色中，可以产生类似于混合光线颜色的效果。

在为对象添加这种透镜效果时，可在"透镜"泊坞窗的透镜效果下拉列表中选择"颜色添加"选项，设置参数后单击"应用"按钮即可，如图8-7所示。

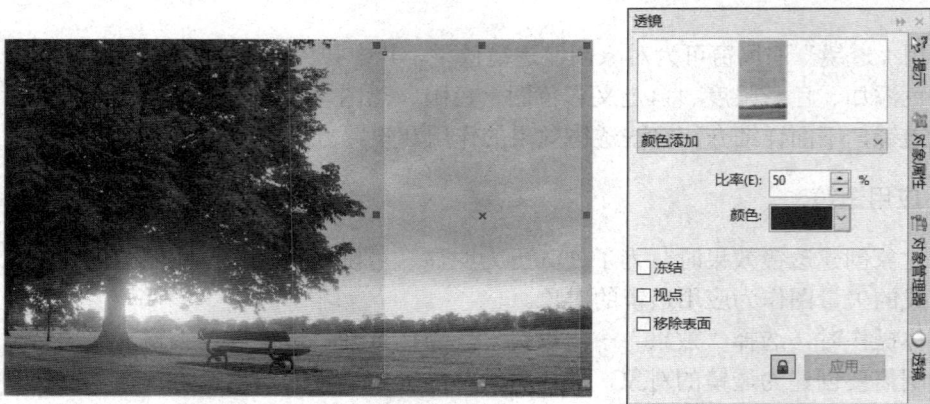

图 8-7　颜色添加透镜效果

> **提示**
>
> 　　在颜色添加透镜效果中，"比率"选项用来控制添加颜色的程度，其可设置范围为 0~100。当参数值设置为 0 时，没有颜色添加，透镜呈现为无色；在"颜色"下拉列表中可以选择要添加到透镜的颜色。

3. 色彩限度透镜

　　色彩限度透镜类似照相机的颜色过滤片，只允许黑色和透镜本身的颜色透过，位于透镜下面对象中的白色和其他浅色被转换为透镜颜色。

　　在为对象添加该透镜效果时，可在"透镜"泊坞窗中的透镜效果下拉列表中选择"色彩限度"选项，设置完相关参数后，单击"应用"按钮即可，如图 8-8 所示。

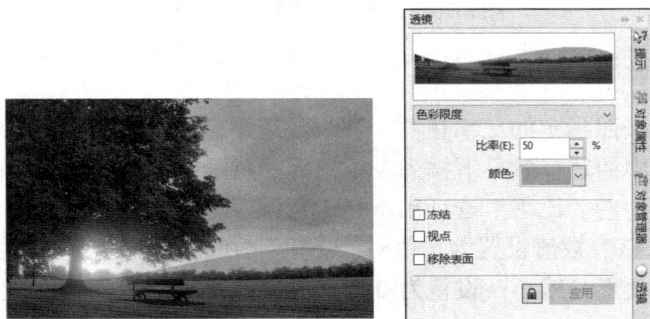

图 8-8　色彩限度透镜效果

4. 自定义彩色图透镜

　　自定义彩色图透镜可以将位于其下面的颜色设置为任意两种选定颜色之间的颜色。用户除了可以自定义颜色范围的起始和结束颜色，还可以选择颜色渐变的路径。

　　在"透镜"泊坞窗中的透镜效果下拉列表中选择"自定义彩色图"选项后，将会显示另一个下拉列表，此时的泊坞窗如图 8-9 所示。这个新出现的下拉列表中提供了 3 个选项，主要用于指定所选颜色的渐变方式。

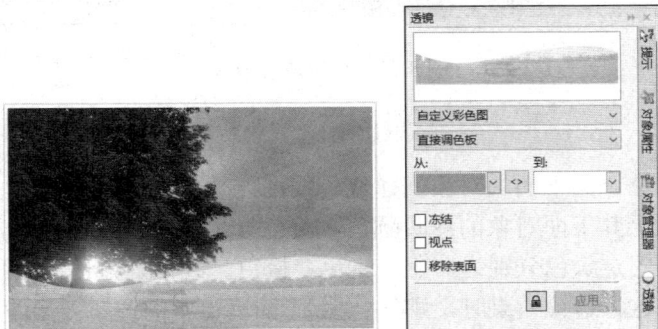

图 8-9　自定义彩色图透镜效果

　　在"从"下拉列表中选择渐变的起始颜色，在"到"下拉列表中选择渐变的终止颜色，效果如图 8-10 所示。

图 8-10　设置自定义彩色图的属性

5. 鱼眼透镜

鱼眼透镜可以按照指定的比率扭曲、放大或缩小位于其下面的对象。具体操作时，可在"透镜"泊坞窗中的透镜效果下拉列表中选择"鱼眼"选项。

鱼眼透镜效果中的"比率"选项用于指定透镜下面对象变形的百分比值，其可设置范围为-1000～1000，该参数值设置为正值时，透镜下面的对象将变形且放大；设置为负值时，透镜下面的对象将变形且缩小；设置为 0 时，透镜下面的对象不会发生变化。鱼眼透镜效果如图 8-11 所示。

图 8-11　鱼眼透镜效果

6. 热图透镜

热图透镜可为位于其下面的对象创建红外线图像效果。该透镜通过由固定颜色种类限定的调色板显示位于其下面对象的冷暖颜色。暖色显示为红色或橙色，冷色显示为紫色或青色。调色板中的固定颜色分别为白色、黄色、橙色、红色、蓝色、紫色和青色。

在为对象添加这种透镜效果时，可在"透镜"泊坞窗中的透镜效果下拉列表中选择"热图"选项，在"调色板旋转"文本框中输入 0～100 范围内的数值，并调整透镜下方对象显示的冷暖颜色，如图 8-12 所示。

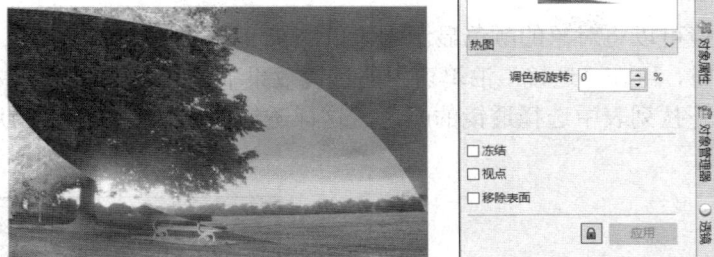

图 8-12 热图透镜效果

7. 反转透镜

反转透镜可以使位于其下方对象的颜色呈现为 CMYK 色彩模式下的互补色，其效果如图 8-13 所示。

图 8-13 反转透镜效果

8. 放大透镜

放大透镜的效果类似于放大镜，它可以放大位于其下方的对象。选择"放大"选项，在"数量"文本框中设置放大对象的程度，其可设置范围为 0.1～100，参数值越大，透镜下方对象被放大的比例就越大，如图 8-14 所示。

图 8-14 放大透镜效果

9. 灰度浓淡透镜

灰度浓淡透镜可以将对象的颜色显示为等值的灰度。

应用该透镜时，可在"透镜"泊坞窗中的透镜效果下拉列表中选择"灰度浓淡"选项，然后在"颜色"下拉列表中选择透镜的颜色，这样透镜颜色就可以改变图片的颜色了，效果如图 8-15 所示。

图 8-15　灰度浓淡透镜效果

10. 透明度透镜

透明度透镜可使位于其下面的对象覆盖一层类似塑料薄膜或玻璃的效果。

在为对象添加这种透镜效果时，可在"透镜"泊坞窗中的透镜效果下拉列表中选择"透明度"选项。通过"比率"选项可以设置透镜的透明程度，其可设置范围为 0～100，参数值越大，透镜透明度越高。在"颜色"下拉列表中可以选择合适的透镜颜色。透明度透镜效果如图 8-16 所示。

图 8-16　透明度透镜效果

11. 线框透镜

线框透镜可以更改位于其下方对象区域的外观，而不更改对象的实际特性和属性。可以对任何矢量对象应用该透镜效果，在对矢量对象应用该透镜效果时，透镜本身会变成矢量图像。其中，CDR 中的线框透镜允许用所选的轮廓或填充色来显示透镜下方的对象区域。例如，如果将轮廓设为红色，将填充设为蓝色，则透镜下方的所有区域看上去都具有红色轮廓和蓝色填充，效果如图 8-17 所示。

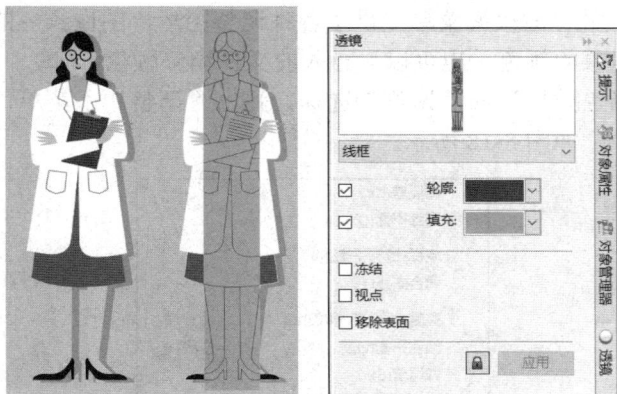

图 8-17　线框透镜效果

8.3.2　编辑透镜

透镜效果添加完成后，还可以进行进一步编辑，如设置透镜的高级、清除等内容。

1. 对透镜进行高级设置

对于不同的透镜效果，除了其本身的选项设置，还可以对其进行一些高级设置。

在"透镜"泊坞窗中选中"冻结"复选框后，可锁定当前透镜下面的对象，将其转变为透镜的一部分，在移动透镜时，可以将锁定的内容从下方的对象中分离出来，并且不会更改这些内容。

当选中"视点"复选框后，单击后面出现的"编辑"按钮，在绘图窗口中会显示 X 标记，以标明视角的位置，它表示通过透镜查看对象的中心点。通过移动 X 标记可显示视角以此为中心点标记的区域，而不需要移动透镜本身。此外，也可以在显示的 X、Y 文本框中指定中心点的精确位置。

选中"移除表面"复选框后，透镜只有在覆盖对象时才会显示，否则将显示为透明状；如果取消选中"移除表面"复选框，则可以在绘图区的空白区域显示透镜。

> **提示**
> "移除表面"复选框只能应用于有颜色变化的透镜。

2. 清除透镜

如果需要将创建为透镜的对象恢复原始状态，可以使用选择工具选中透镜对象，然后打开"透镜"泊坞窗，从透镜效果下拉列表中选择"无透镜效果"选项，单击"应用"按钮即可。

8.4　图形、图像色调调整

CorelDRAW X7 的"效果"菜单提供了各种调整图形、图像颜色的选项，利用这些选项可以调整所绘制对象的颜色，也可以为导入的文件调整颜色。

选中图形，选择"效果"→"调整"选项，弹出"调整"子菜单，该菜单中包括用于调整对象的各个选项，如图 8-18 所示。

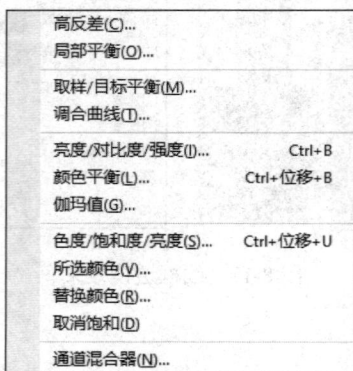

高反差(C)...	
局部平衡(O)...	
取样/目标平衡(M)...	
调合曲线(T)...	
亮度/对比度/强度(I)...	Ctrl+B
颜色平衡(L)...	Ctrl+位移+B
伽玛值(G)...	
色度/饱和度/亮度(S)...	Ctrl+位移+U
所选颜色(V)...	
替换颜色(R)...	
取消饱和(D)	
通道混合器(N)...	

图 8-18　"调整"子菜单

> **提示**
> 如果选中位图图像，则"调整"子菜单将全部被激活。

下面将针对可以同时应用于图像和图像颜色调整的选项进行讲解。

8.4.1　"亮度/对比度/强度"选项

"亮度/对比度/强度"选项主要用来调整图像的亮度、对比度和强度，从而影响整个图像的颜色和色调。

选中位图图像，然后选择该选项，打开"亮度/对比度/强度"对话框，如图 8-19 所示。

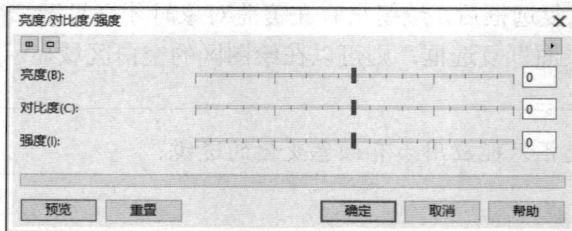

图 8-19　"亮度/对比度/强度"对话框

1）"亮度"选项：调整图像的亮度值。向左拖动滑块可以降低图形、图像的亮度，向右拖动滑块可以增加亮度。也可以直接在文本框中输入参数值，其可设置范围为-100～100。

2）"对比度"选项：调整图像的对比度，其可设置范围为-100～100。当参数值增大时，图形、图像的对比度会增强；而当参数值减小时，对比度则会降低。

3）"强度"选项：设置图像的强度，其可设置范围为-100～100。

参数设置完毕后，单击"预览"按钮，可在绘图区观察到调整后的颜色效果，调整完成后，单击"确定"按钮即可完成调整操作，如图 8-20 所示。

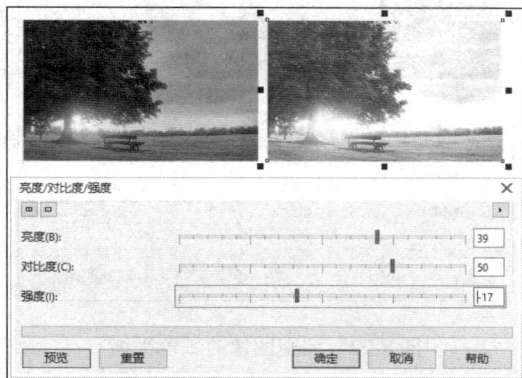

图 8-20　调整图像的亮度、对比度和强度

8.4.2　"颜色平衡"选项

选择"颜色平衡"选项，弹出"颜色平衡"对话框，如图 8-21 所示。在该对话框中，主要通过在 RGB 和 CMYK 的互补色之间改变绘图颜色值来改变图像中所有颜色的混合，可以校正整个图像或选定区域的色调。

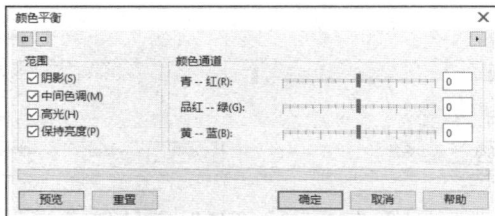

图 8-21　"颜色平衡"对话框

1）"阴影"复选框：选中该复选框后，对图形、图像的暗调区域进行调整。如果取消选中该复选框，那么对图形、图像所做的调整将不会影响图像的暗调区域。

2）"中间色调"复选框：选中该复选框后，对图形、图像的中间调区域应用颜色校正。如果取消选中该复选框，那么所做的调整将不会影响中间调区域。

3）"高光"复选框：选中该复选框后，对图形、图像的高光部分进行色彩调整。

4）"保持亮度"复选框：选中该复选框后，在对图形、图像进行调整时，将保持原亮度级。如果取消选中该复选框，在对色彩进行调整时，将会加深原来的颜色。

5）"青—红"选项：调整图形、图像中青色和红色之间的平衡，可设置范围为-100～100。用户可通过在文本框中输入合适的参数值，或者拖动滑块进行平衡调节。

6）"品红—绿"选项：调整品红和绿色之间的平衡。

7）"黄—蓝"选项：调整黄色和蓝色之间的平衡。

使用"颜色平衡"选项调整图像的对比效果如图 8-22 所示。

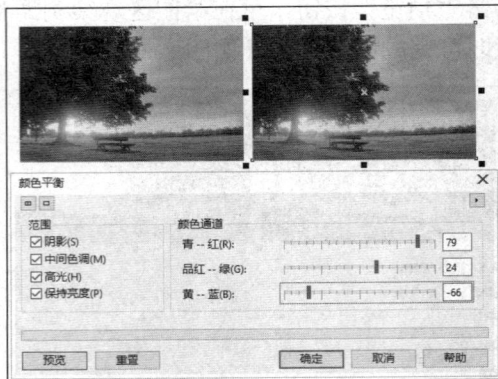

图 8-22　调整图像的颜色平衡

8.4.3　"伽玛值"选项

使用"伽玛值"选项调整图像时，可以改进低对比度图像中的细节显示，并且不会对图像的暗调或高光区域产生影响。

选择"伽玛值"选项，弹出"伽玛值"对话框，如图 8-23 所示。其中的"伽玛值"滑块用于调整伽玛的曲线值，其可设置范围为 0.1～10：当向右拖动滑块时，参数值变大，中间色调变浅；反之，中间色调变深。

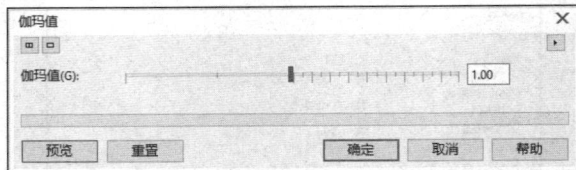

图 8-23　"伽玛值"对话框

伽玛值的选项设置及其调整图形的对比效果如图 8-24 所示。

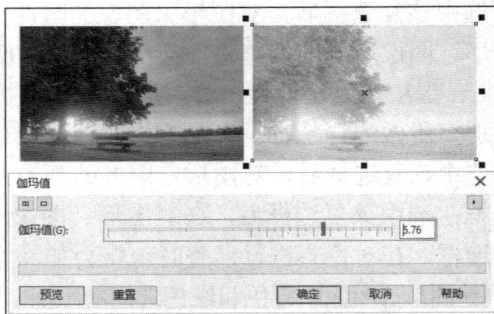

图 8-24　调整图形的对比效果

8.4.4 "色度/饱和度/亮度"选项

使用"色度/饱和度/亮度"选项可以对整幅图像或图像中的某种颜色的色度、饱和度或亮度进行调整。通过调整所选颜色的色度、饱和度和亮度参数值，可以改变该颜色在光谱中的位置。选择"色度/饱和度/亮度"选项，弹出"色度/饱和度/亮度"对话框，如图 8-25 所示。

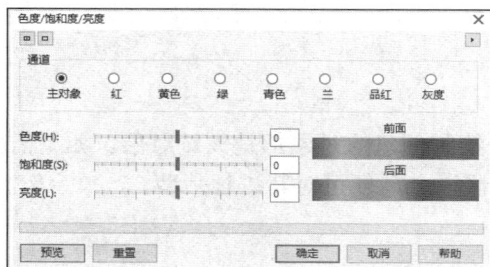

图 8-25 "色度/饱和度/亮度"对话框

在"通道"选项组中选择要调整的颜色通道。当选中"主对象"单选按钮时，将对图像中的所有颜色进行调整；当选中"红""黄色"等其他单选按钮时，将只对所选通道的颜色范围进行调整。

1）"色度"选项：设置像素原来的颜色在色轮中旋转的角度，其可设置范围为-180～180。当设置为正值时，表明颜色在色轮中按顺时针旋转；当设置为负值时，表明颜色在色轮中按逆时针旋转。

2）"饱和度"选项：调整图形、图像的饱和度，其可设置范围为-100～100。当向左拖动滑块时，将降低饱和度；反之，将增加饱和度。

3）"亮度"选项：调整图形、图像的亮度，其可设置范围为-100～100。参数值越小，亮度越低；反之，亮度越强。

设置完成后，单击"确定"按钮，关闭对话框，图像即可发生相应的变化，如图 8-26 所示。

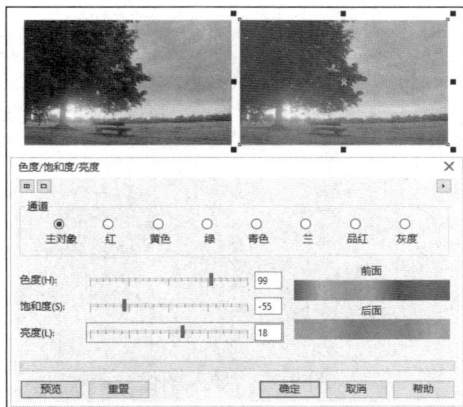

图 8-26 调整图像的色度、饱和度和亮度

8.5 位图处理

CorelDRAW X7 不仅具有专业的创建和编辑矢量图形的功能，还具有强大的位图处理功能。

8.5.1 导入与裁剪位图

在 CorelDRAW X7 中绘制创建的对象都是矢量对象。如果需要使用位图图像，则可将现有的位图图像导入绘图区，之后便可对其进行裁剪。

1. 导入位图

导入现有的位图是获取位图图像的常用方法。执行程序所提供的"导入"命令，可将外部位图文件导入 CorelDRAW X7 中，而且一次可导入多个文件。CorelDRAW X7 支持多种位图文件格式，如 TIF、GIF、JPG 和 BMP 等。

打开或新建一个绘图文档，选择"文件"→"导入"选项，或在标准工具栏中单击"导入"按钮，打开"导入"对话框。单击该对话框中的"查找范围"右侧的下拉按钮，在弹出的下拉列表中可以选择位图文件存放的驱动器和文件夹。

在列表框中选中某个文件后，在"文件名"文本框中就会显示选定文件的名称，也可以直接在文本框中输入要导入文件的名称。在"文件类型"下拉列表中可以选择要导入位图的文件格式，当选择"所有文件格式"选项时，可以导入多种不同的文件格式。

完成设置后，单击"导入"按钮，关闭"导入"对话框，这时鼠标指针变为导入位置起始光标，在绘图窗口中的任意位置单击，将会按该位图的原始尺寸进行显示。如果要自定义其尺寸，可按住鼠标左键不放并进行拖动，这时在窗口中会显示红色的虚线框（表示位图的轮廓），并且会出现导入位置结束光标，将位图调整至合适的大小后松开鼠标左键，即可完成位图导入操作，如图 8-27 所示。

图 8-27 导入图像

2. 裁剪位图

CorelDRAW X7 中裁剪位图的方法有多种，常见的是使用工具箱中的形状工具和裁剪工具来对位图进行裁剪。导入位图后，选择工具箱中的形状工具，这时位图的四周会出现带有 4 个节点的蓝色虚线框，使用鼠标拖动任意一个节点或节点之间的虚线线段即可裁剪位图，如图 8-28 所示。

图 8-28　裁剪位图

此外，还可以使用裁剪工具裁剪位图。导入位图后，选择工具箱中的裁剪工具，位图的端点位置会显示 4 个空心节点，鼠标指针变为裁剪形状。将鼠标指针移至位图上，按下鼠标左键并拖动，绘制一个矩形框，松开鼠标左键后，矩形框四周出现 8 个空心控制点，通过拖动任意一个控制点即可对位图进行裁剪，矩形框中的部分为位图的保留部分。设置好裁剪区域后，在矩形框内部双击即可看到裁剪效果，如图 8-29 所示。

图 8-29　裁剪位图

8.5.2　转化为位图

在 CorelDRAW X7 中创建的矢量图形也可以转换为位图图像，这样就可以为其应用某些滤镜效果，同时也方便打印。在执行转换操作时，用户可以选择转换后位图图像使用的颜色模式，以决定其包含的颜色种类和数量，或者设置其他相关的选项。

选择工具箱中的选择工具，选取要转换为位图的矢量对象，选择"位图"→"转换为位图"选项，打开"转换为位图"对话框，如图 8-30 所示。

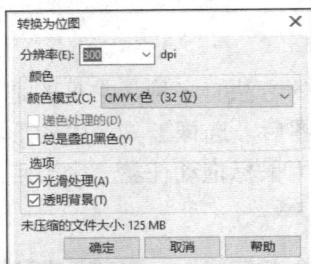

图 8-30 "转换为位图"对话框

1）"分辨率"选项：设置生成的位图图像的分辨率。用户可以直接从下拉列表中选择合适的预设数值，也可以在文本框中输入合适的数值。分辨率越高，图像越大；反之，图像越小。

2）"颜色模式"下拉列表：可以从中选择合适的颜色模式，不同颜色模式的特性不同，所选的颜色模式将会直接影响位图图像的显示效果。

3）"光滑处理"复选框：若选择"颜色模式"下拉列表中的"调色板色（8位）"选项，然后选中该复选框，则可以使位图图像中的颜色过渡更加自然。

4）选中该复选框，可以使位图图像生成透明背景。

设置完成后，单击"确定"按钮，所选矢量图形就会按照相关设置转换为位图图像，如图 8-31 所示（图（a）为矢量图，图（b）为位图）。

（a） （b）

图 8-31 矢量图形转换为位图图像

8.5.3 编辑位图颜色

CorelDRAW X7 "位图"菜单中的一些选项可用于编辑位图的颜色，如"自动调整"和"图像调整实验室"选项。利用这两个选项，用户可以方便地对导入位图图像的颜色进行编辑。

1. 自动调整

选中导入的位图图像，选择"位图"→"自动调整"选项，即可对图像的颜色进行自动调整。

2. 图像调整实验室

选择"位图"→"图像调整实验室"选项，打开"图像调整实验室"对话框，在该对话框中可通过设置各项参数来调整位图的颜色，如图 8-32 所示。

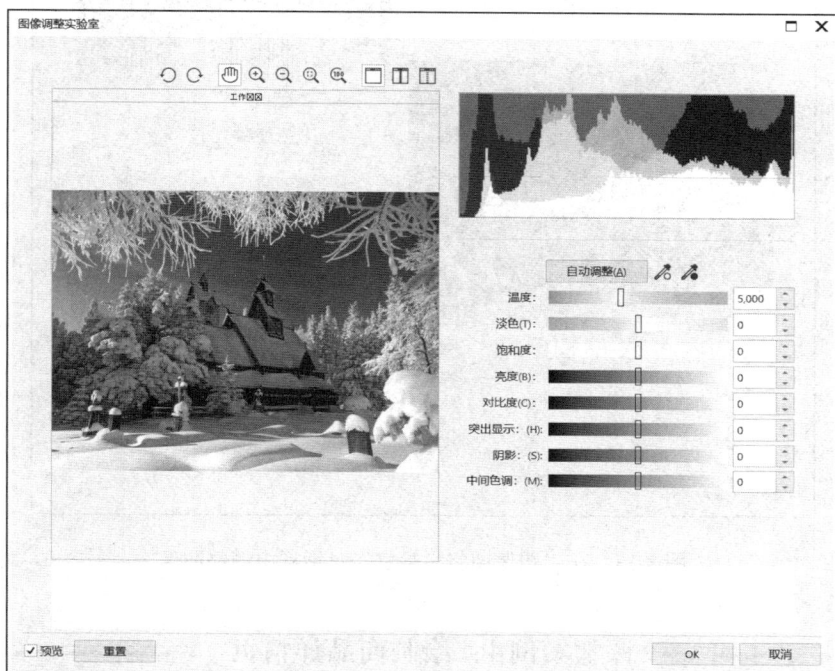

图 8-32　"图像调整实验室"对话框

1）"逆时针旋转图像 90°"按钮⟲：单击该按钮，可以使图像在预览框中逆时针旋转 90°。

2）"顺时针旋转图像 90°"按钮⟳：单击该按钮，可以使图像在预览框中顺时针旋转 90°。

3）"平移工具"按钮✋：单击该按钮，可以在预览框中移动图像，以便观察不同的位置。

4）"放大"按钮⊕：单击该按钮，可以在预览框中放大图像。

5）"缩小"按钮⊖：单击该按钮，可以在预览框中缩小图像。

6）"显示适合窗口大小的图像"按钮⊕：单击该按钮，预览框中的图像将以适合预览框的大小全部显示。

7）"以正常尺寸显示图像"按钮⑩：单击该按钮，预览框中的图像将以 100%的比例显示。

"图像调整实验室"对话框的右侧是颜色属性面板，在其中可以单击"自动调整"按钮调整图像的颜色，通过拖动滑块调整图像的亮度、对比度、饱和度等属性，也可以直接输入具体数值设置各属性。颜色属性面板下方是提示面板，单击某个按钮时，面板中会提示其具体的功能和使用方法。该对话框的左下角设置有"重置"按钮，可以将设置还原为初始状态。

各项参数设置完毕后，可以在预览框中观察调整效果，如图 8-33 所示，然后单击"确定"按钮即可完成调整位图颜色的操作。

图 8-33　在"图像调整实验室"对话框中调整图像

课堂案例 1：绘制商品详情页

案例目标

学习使用图框精确剪裁工具绘制商品详情页。

知识点拨

熟练使用图框精确剪裁工具和文本工具完成商品详情页的制作。

视频：绘制商品详情页

实现步骤

步骤 1：选择"文件"→"新建"选项，创建新文档。

步骤 2：导入沙发素材图，使用钢笔工具绘制沙发外形，如图 8-34 所示。

图 8-34　绘制沙发外形

步骤 3：将鼠标指针移至素材图上，按住鼠标右键并拖动，将素材图拖拽到线框中且出现 ⊕ 图标后松开鼠标右键，在弹出的快捷菜单中选择"图框精确剪裁内部"选项，如图 8-35 所示。

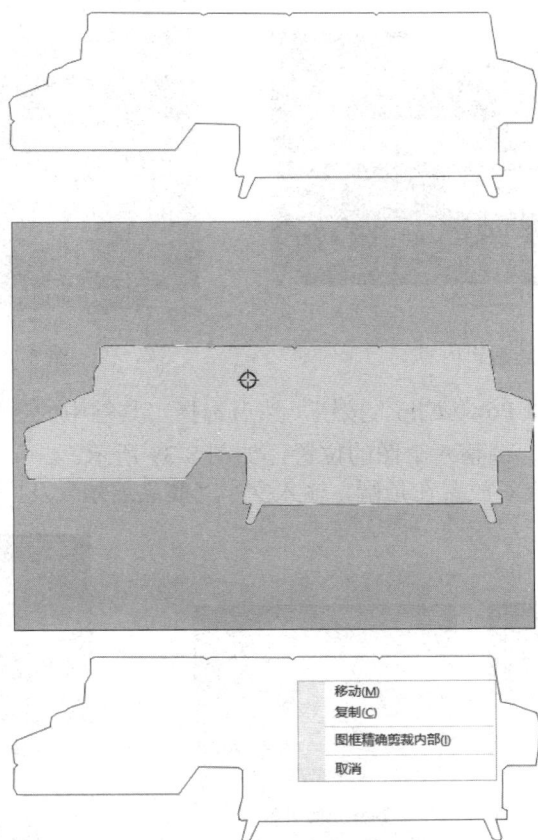

移动(M)
复制(C)
图框精确剪裁内部(I)
取消

图 8-35　图框精确剪裁

步骤 4：单击"编辑 PowerClip"按钮，将线框对准沙发外形，如图 8-36 所示。

编辑 PowerClip

图 8-36　编辑 PowerClip

步骤 5：完成对准操作后，单击"停止编辑内容"按钮，如图 8-37 所示。
步骤 6：选择工具箱中的矩形工具，创建一个宽为 230mm、高为 262mm 的矩形，并填充为浅黄色。再次导入素材图，使用同样的方法将素材图精确剪裁至矩形中，如图 8-38 所示。

图 8-37　停止编辑内容

图 8-38　精确剪裁

步骤 7：单击"编辑 PowerClip"按钮，然后选择工具箱中的透明度工具，对素材进行渐变填充，填充完成后，调整两个图的位置，如图 8-39 所示。

步骤 8：制作黑色色条放置在顶端，输入文字"商品展示"及广告语，如图 8-40 所示。

图 8-39　编辑 PowerClip

图 8-40　输入文字

步骤 9：复制 4 个沙发图形备用，在图中相应位置绘制圆形，为圆形填充外框颜色，如图 8-41 所示。

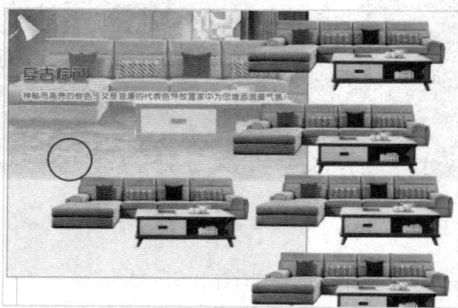

图 8-41　绘制圆形

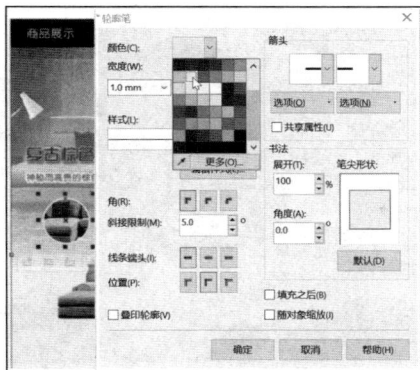

图 8-41（续）

步骤 10：使用"精确剪裁内部"选项裁剪 4 个沙发图，并将裁剪得到的沙发图调整至合适位置，以突出卖点，同时使用文字工具分别为 4 个圆形输入相应的文字，如图 8-42 所示。商品详情页最终效果如图 8-43 所示。

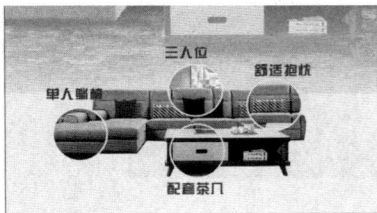

图 8-42　突出 4 个卖点

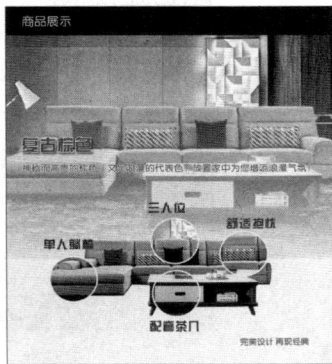

图 8-43　最终效果

课堂案例 2：绘制相册模板

案例目标

学习使用交互式阴影工具和图框精确剪裁工具绘制相册模板。

知识点拨

熟练使用交互式阴影工具调整相框的阴影角度和效果，结合图框精确剪裁工具放置好需要展示的照片素材，完成相册模板的设计，如图 8-44 所示。

视频：绘制相册模板

图 8-44　相册模板

实现步骤

步骤 1：创建新文档，选择"文件"→"导入"选项，在打开的"导入"对话框中，导入素材文件"相册背景.cdr"，导入后的图像效果如图 8-45 所示。

图 8-45　导入素材背景

步骤 2：选择工具箱中的矩形工具，在背景图像上绘制一个 48mm×57mm 的矩形，并将图形填充为白色，去除轮廓线，继续使用矩形工具绘制稍小一些的矩形，设置轮廓线为冰蓝色，如图 8-46 所示。

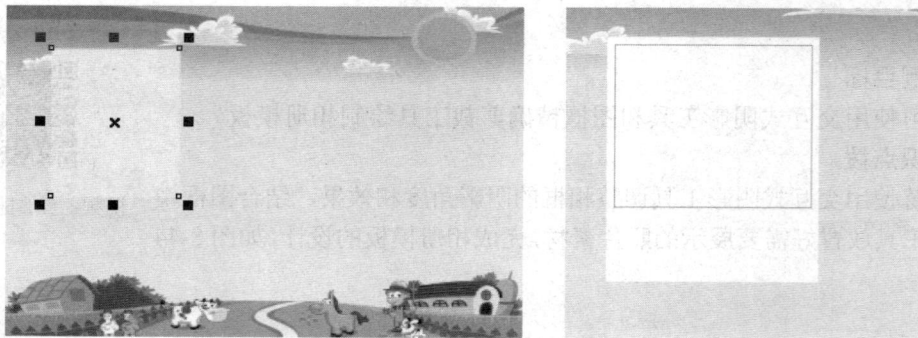

图 8-46　绘制矩形

步骤 3：同时选中两个矩形并双击，将其旋转至合适角度，然后选择工具箱中的阴影工具，在绘制的底部的矩形上方单击并按住鼠标左键不放，拖动鼠标为其添加阴影效果，如图 8-47 所示。

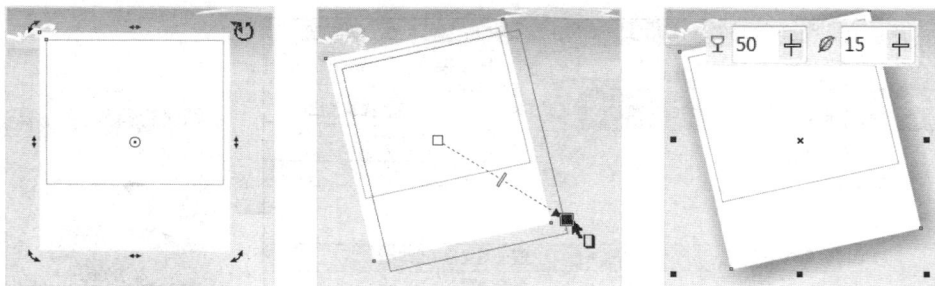

图 8-47　旋转矩形

步骤 4：选择工具箱中的选择工具，同时选中绘制的两个图形，选择"编辑"→"复制"选项，复制图形，然后选择"编辑"→"粘贴"选项，粘贴已经复制的图形。再利用相同的方法复制更多图形，根据画面大小适当调整图形的位置和阴影角度，得到如图 8-48 所示的效果。

图 8-48　复制多个矩形

步骤 5：选择"文件"→"导入"选项，在打开的"导入"对话框中导入素材图像"照片 1.jpg"、"照片 2.jpg"和"照片 3.jpg"，如图 8-49 所示。

图 8-49　导入素材图像

步骤 6：选中图片"照片 1.jpg"，选择"对象"→"图框精确剪裁"→"置于图文框内部"选项，将鼠标指针移至最左侧的图形内部，鼠标指针变为 ➡ 形状后单击，将导入的图像置于图形内部，效果如图 8-50 所示。

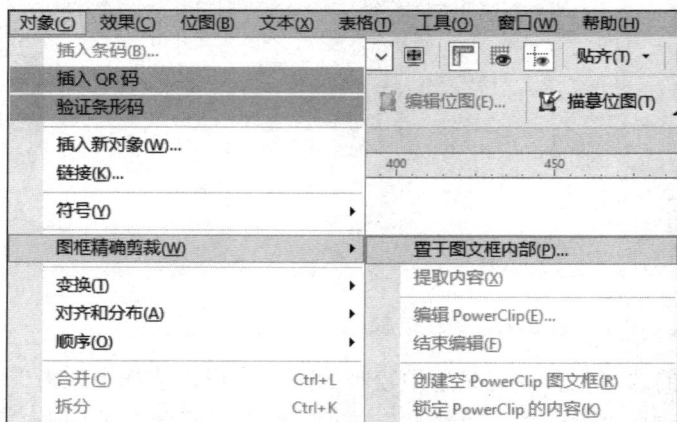

图 8-50　将导入的图像置入图文框内部

步骤 7：选择"对象"→"图框精确剪裁"→"编辑 PowerClip"选项，编辑图文框中的图像，如图 8-51 所示。

图 8-51　编辑图文框中的图像

步骤 8：完成对图文框中的图像编辑后，右击图像，在弹出的快捷菜单中选择"结束编辑"选项，得到如图 8-52 所示的效果。

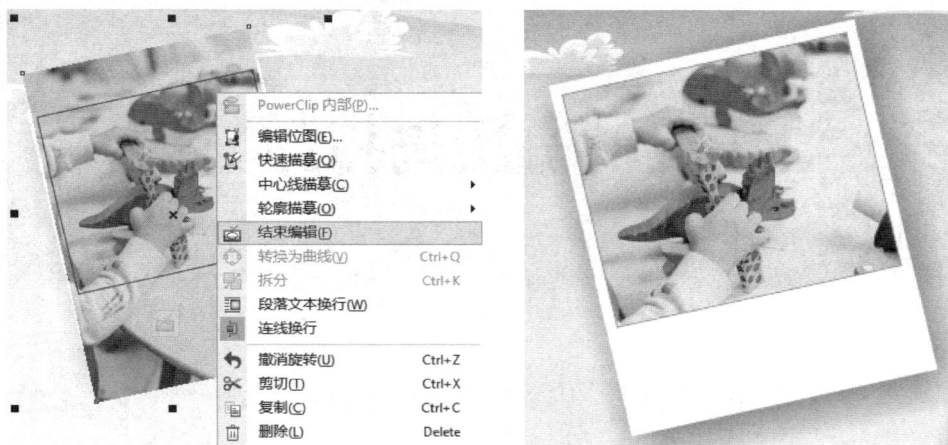

图 8-52　结束编辑

步骤 9：使用相同的方法制作另外两个相册，并输入文字"童年的回忆"，最终效果如图 8-44 所示。

9 单元

作品的输出与打印

单元导读

在完成图形与图像的编辑后，需要将其以不同的格式存储到指定的位置或将其打印出来。CorelDRAW X7 提供了多种输出作品的方式，如输出到 Office、输出为网页等，用户可以根据个人情况进行选择，如果需要打印文件，则可以调整打印选项，获得更理想的打印效果。

学习目标

通过本单元的学习，应熟悉 CorelDRAW X7 的不同输出格式，掌握打印选项调整的技巧和方法。

思政目标

1. 树立安全意识、数据意识、效率意识，形成良好的职业习惯。
2. 培养认真负责、科学严谨的工作作风。

9.1 作品的输出

在 CorelDRAW X7 中完成图形与图像的编辑后，可以将其导出为可以在其他应用程序中使用的位图和矢量文件。例如，可以将文件以 Adobe Illustrator（AI）或 JPG 格式导出，也可以按照与 Microsoft Office 配套的格式导出；还可以导出为网页专用的 HTML 和 Web 文件。

9.1.1 导出到 Office

CorelDRAW X7 与 Office 应用程序（如 Microsoft Office、Corel WordPerfect Office）具有高度兼容性，用户可以根据实际需求将文件导出到 Office。

打开需要导出的文件，选择"文件"→"导出为"→"Office"选项，打开"导出到 Office"对话框。在该对话框中设置导出选项，设置完成后在对话框下方会显示预览效果，并在对话框左下角显示估计的文件大小，如图 9-1 所示。单击"确定"按钮，打开"另存为"对话框，选择保存文件的文件名、保存类型等，如图 9-2 所示。单击"保存"按钮，即可根据设置导出文件。

图 9-1 "导出到 Office"对话框　　　　图 9-2 "另存为"对话框 1

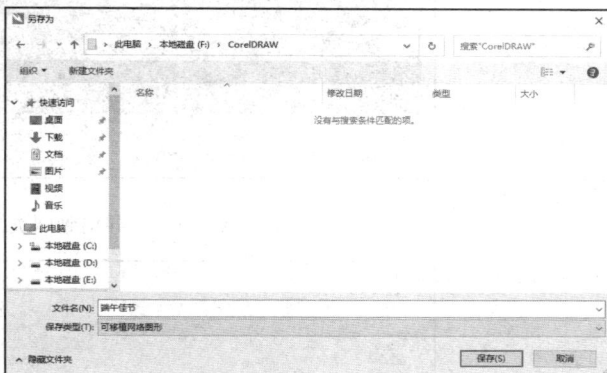

"导出到 Office"对话框中的"优化"下拉列表中提供了 3 种优化文件的方式：选择"演示文稿"方式，可以优化输出文件，以应用于幻灯片或在线文档（96dpi），适用于计算机屏幕演示；选择"桌面打印"方式，可以保持用于桌面打印的良好图像质量（150dpi），适用于一般文档打印；选择"商业印刷"方式，可以优化输出文件，以用于高质量（300dpi）打印，适用于书刊出版。

9.1.2 导出为 Web 文件

除了可以将文件导出到 Office，还可以将文件导出为用于 Web 的位图。在导出为 Web 文件时，可以选择导出整个文档，也可以选择对页面中的部分图像进行优化设置，自定义图像的质量，以减小文件的大小，提高图像在网络中的加载速度。

打开设计的网页文档，选择"文件"→"导出为"→"Web"选项，打开"导出到网页"对话框，在"格式"下拉列表中选择所需输出格式，然后指定导出的颜色、显示选项和大小等，如图 9-3 所示。设置完成后，单击"另存为"按钮，打开"另存为"对话框，在该对话框中设置导出文件的存储位置、文件名及保存类型，如图 9-4 所示，然后单击"保存"按钮即可导出文件。

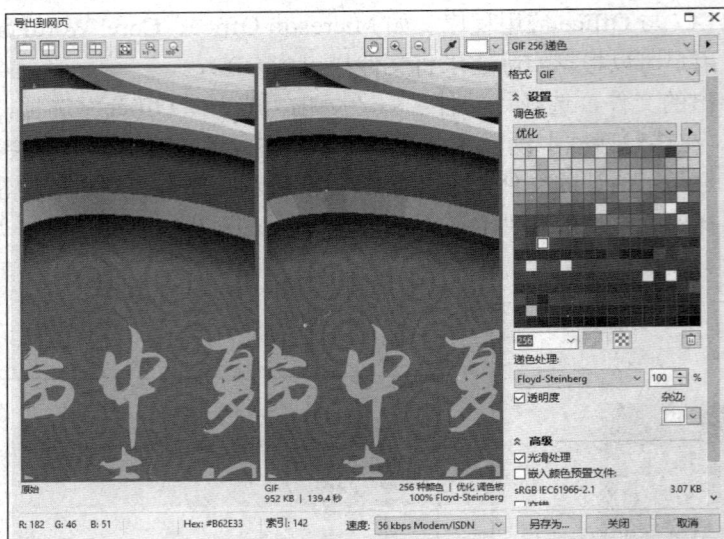

图 9-3 "导出到网页"对话框

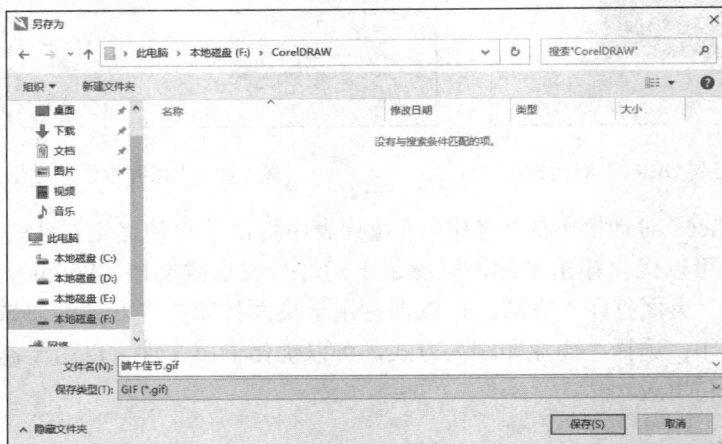

图 9-4 "另存为"对话框 2

可以在"导出到网页"对话框右下角的"速度"下拉列表中选择图像应用网络的传输速度，同时可以在优化图左下角查看该图像优化后所需要的下载时间。

9.1.3　导出为 HTML 文件

将 CorelDRAW X7 文件和对象以 HTML 格式导出后，可以在 HTML 编写软件中使用导出的该文件来创建 Web 站点或网页。

在 CorelDRAW X7 中打开需要以 HTML 格式导出的文件，如图 9-5 所示。选择"文件"→"导出为"→"HTML"选项，打开"导出到 HTML"对话框，如图 9-6 所示。该对话框中包含"常规""细节""图像""高级""总结"等选项卡，选择不同的选项卡对导出选项加以设置，设置完成后单击对话框左下角的"浏览器预览"按钮，在浏览器中预览效果，如图 9-7 所示。

图 9-5　制作好的 HTML

图 9-6　"导出到 HTML"对话框

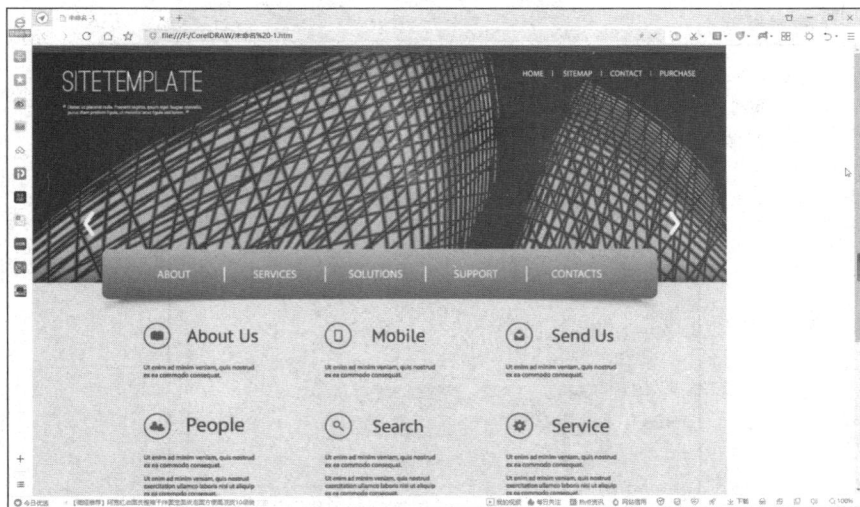

图 9-7　在浏览器中预览效果

9.1.4　发布为 PDF 文件

在 CorelDRAW X7 中可以将文档发布为 PDF 文件。将文档发布为 PDF 文件时，可以保留原始文档的字体、图像、图形及格式等属性。如果用户在计算机中安装了 Adobe Acrobat Reader 等 PDF 阅读器，则可以查看或打印 PDF 文件。

选择需要发布为 PDF 的文件，选择"文件"→"发布为 PDF"选项，或者单击标准工具栏中的"发布为 PDF"按钮，打开"发布至 PDF"对话框，如图 9-8 所示。在该对话框中设置存储路径及文件名，并在"PDF 预设"下拉列表中选择文件的发布方式，然后单击"设置"按钮，打开"PDF 设置"对话框，如图 9-9 所示。在该对话框中设置更多的 PDF 选项，设置完成后单击"确定"按钮，返回"发布至 PDF"对话框，在该对话框中单击"保存"按钮，完成文件发布工作。打开存储 PDF 的文件夹，即可找到新创建的 PDF 文件。

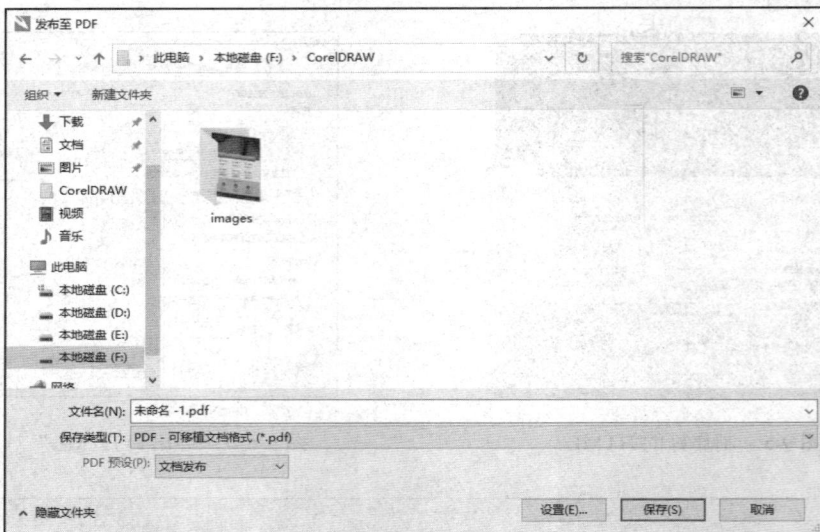

图 9-8　"发布至 PDF"对话框

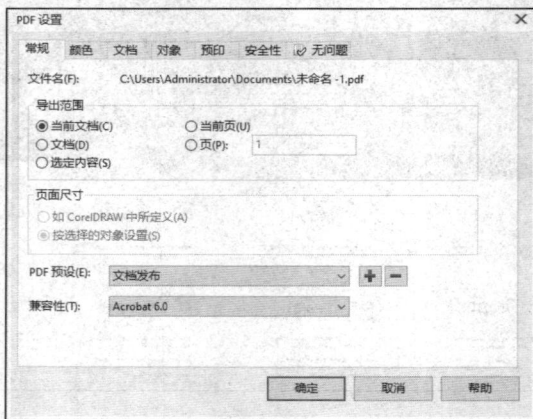

图 9-9　"PDF 设置"对话框

9.2 文件的打印选项设置

CorelDRAW X7 提供了详细的打印选项，以及即时预览打印效果，以提高打印的准确性。用户可以按标准模式打印，或者指定文件中的某种颜色进行分色打印，也可以将文件打印为黑白或单色效果。

1. 设置"常规"选项卡

选择"文件"→"打印"选项，或者单击标准工具栏中的"打印"按钮，打开"打印"对话框，其中有"常规""颜色""复合"等多个选项卡，用于设置不同的打印选项。默认情况下选择"常规"选项卡，如图 9-10 所示，在此选项卡中可以对"打印范围""份数""打印类型"等参数进行设置，并且保存的设置可用于其他文件的打印。

图 9-10 "常规"选项卡

在打印文件前，如果想要预览作品效果，则可以单击"打印"对话框左下角的"最小预览"按钮，打开预览窗口，快速预览打印效果，如图 9-11 所示。也可以单击"打印预览"按钮，进入预览模式，预览打印效果。

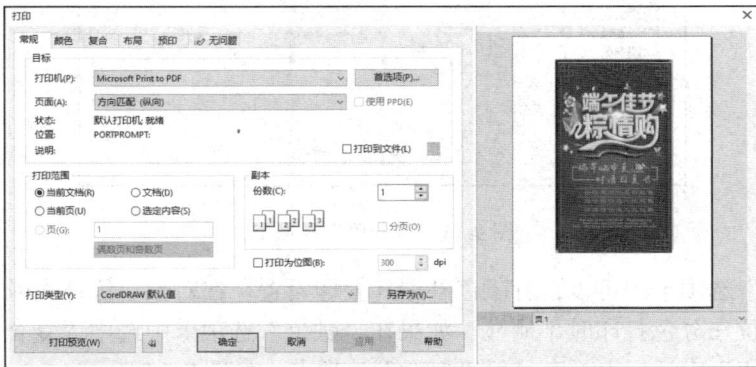

图 9-11 快速预览打印效果

2. 设置"颜色"选项卡

如果需要对打印的颜色进行设置，则需要利用"颜色"选项卡。在此选项卡中，用户可以根据需要选择合适的颜色打印方式，并且可以对输出的颜色模式进行选择。选择"颜色"选项卡，如图 9-12 所示，这里选择"分色打印"方式。

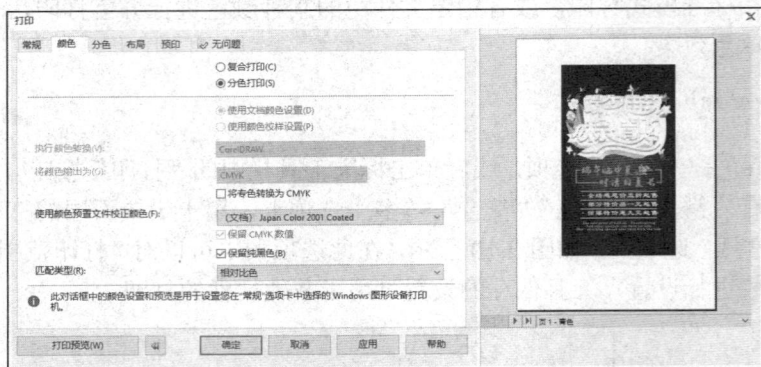

图 9-12   "颜色"选项卡

3. 设置"分色/复合"选项卡

在"颜色"选项卡中选中"分色打印"单选按钮时，在"打印"对话框上方将显示"分色"选项卡，如图 9-13 所示。

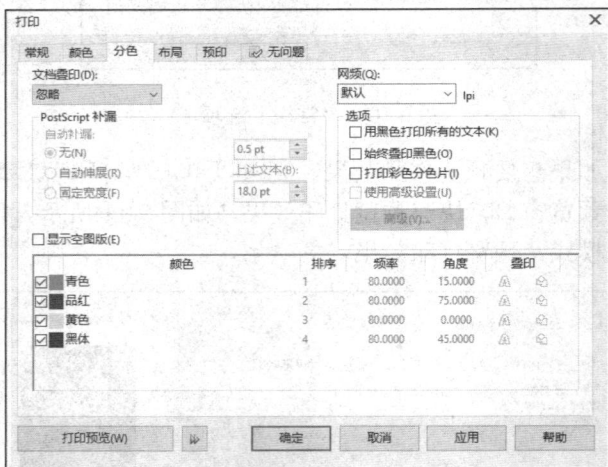

图 9-13   "分色"选项卡

在"分色"选项卡中可以进行颜色补漏和叠印设置，在对象边缘补充颜色打印，可以使未对齐的部位在分色打印时不明显。如果在"颜色"选项卡中选中"复合打印"单选按钮，则在"打印"对话框上方会显示"复合"选项卡，如图 9-14 所示。

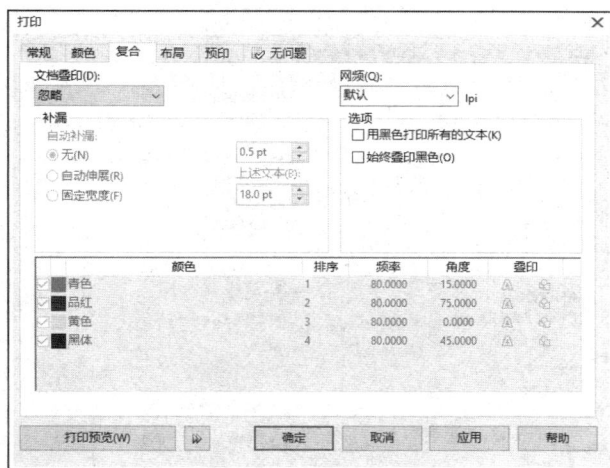

图 9-14 "复合"选项卡

4. 设置"布局"选项卡

"打印"对话框中的"布局"选项卡用于指定图像的位置、大小和比例，以及设置打印作业的版面，如图 9-15 所示。在此选项卡的"图像位置和大小"选项组中可以重新指定要打印文件的位置，选中下方的"出血限制"复选框，将启用并设置出血效果，设置完成后单击"打印预览"按钮，即可看到调整后的布局效果。

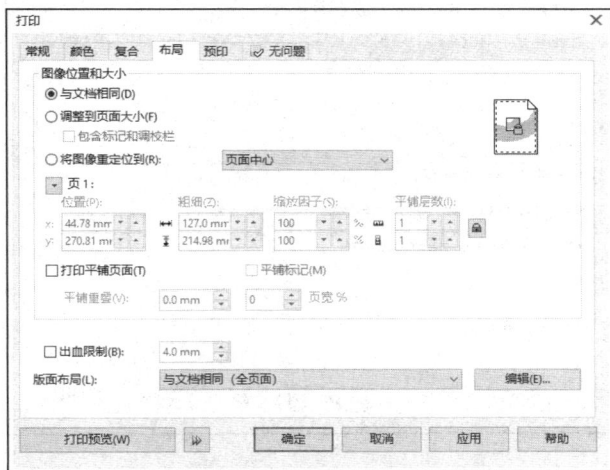

图 9-15 "布局"选项卡

5. 设置"预印"选项卡

选择"预印"选项卡，如图 9-16 所示，在该选项卡中可以设置纸片/胶片、文件信息、裁剪/折叠标记、注册标记、调校栏及位图缩减取样等。

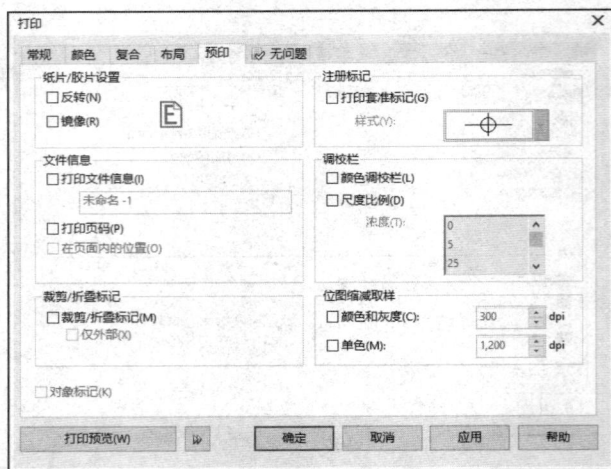

图 9-16　"预印"选项卡

6. 印前检查设置

选择"印前检查"选项卡，可以在该选项卡中查看打印作业的问题摘要，以便发现潜在的打印问题。如果文件中没有出现任何打印作业问题，标签名称会显示为"无问题"，如图 9-17 所示。

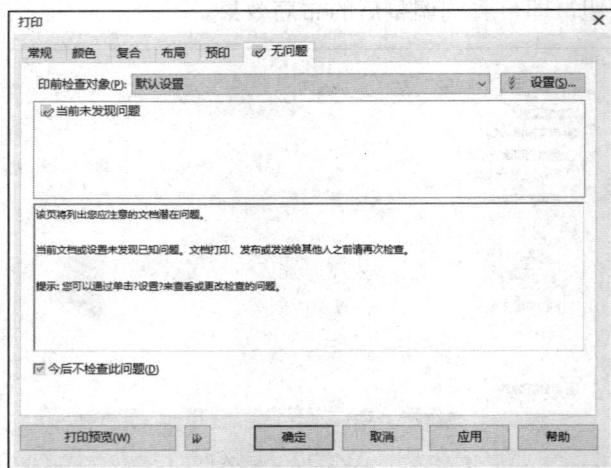

图 9-17　印前检查（无问题）

如果有问题，标签名称会显示找到的问题数量，并在下方显示具体的打印问题及解决问题的建议，如图 9-18 所示。如果不希望通过印前检查排除某些问题，单击"打印"对话框右上方的"设置"按钮，打开"印前检查设置"对话框，双击展开要检查的问题列表，然后取消选中希望忽略的问题所对应的复选框即可，如图 9-19 所示。

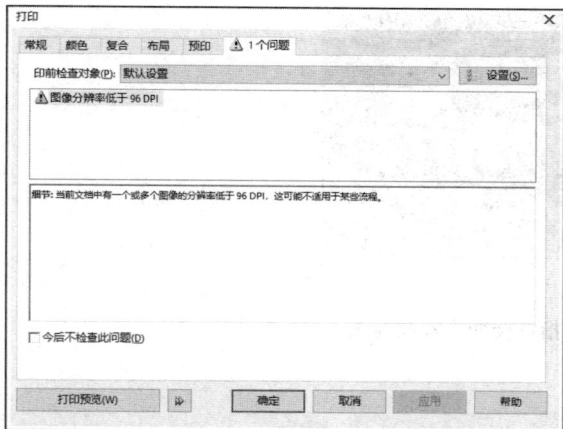

图 9-18　印前检查（有问题）

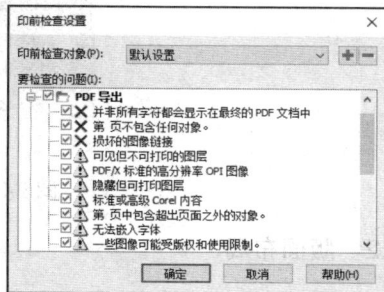

图 9-19　"印前检查设置"对话框

9.3　打　印　预　览

用户可以在 CorelDRAW X7 中可以通过"打印预览"预览文件的打印效果，还可以在预览模式下调整文件的大小、版面布局等。

9.3.1　预置文件大小

在预览模式中，可以调整页面和对象的大小。选择"文件"→"打印预览"选项，进入预览模式，单击"选择工具"按钮 ，如图 9-20 所示。然后在页面中选中图形并拖动即可对其进行移动，如图 9-21 所示。

图 9-20　"选择工具"按钮

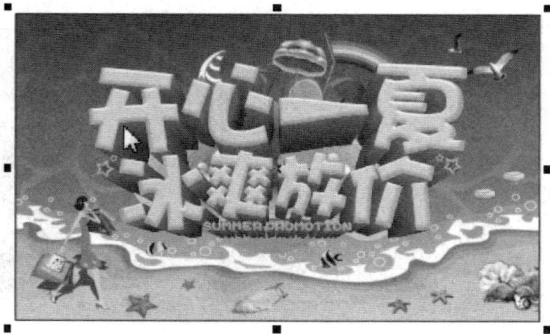

图 9-21　拖动图形

如果需要缩放页面中的对象，则先单击图形对象，然后移动鼠标指针到对象四周的控制点上，此时鼠标指针会变为双向箭头，如图 9-22 所示，按住鼠标左键不放并拖动即可调整对象在页面中的大小。

图 9-22　鼠标指针会变为双向箭头

9.3.2　版面布局

在预览模式中可以调整版面的方向。选择工具箱中的"版面布局"工具，页面效果如图 9-23 所示，单击页面后的效果如图 9-24 所示。

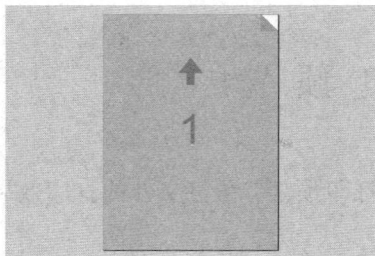

图 9-23　版面布局

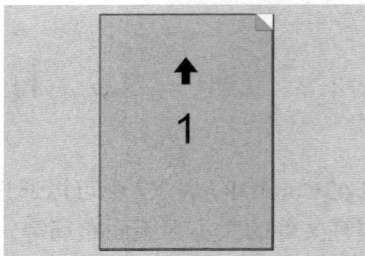

图 9-24　调整前示意

移动鼠标指针至红色箭头上，当鼠标指针变为形状时单击，页面将会旋转 180°，如图 9-25 所示。单击"选择工具"按钮，即可查看旋转后的页面效果，如图 9-26 所示。再次在红色箭头位置单击，即可将旋转后的页面还原。

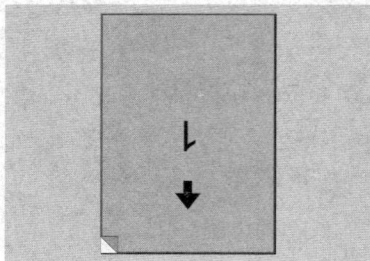

图 9-25　调整后示意

图 9-26　旋转后的页面效果

9.3.3　以不同比例预览文件

在预览模式中，可以使用缩放工具放大或缩小预览打印页面，也可以在属性栏中选择缩放比例和显示方式。图 9-27 和图 9-28 所示分别为放大和缩小显示的效果。

图 9-27 放大效果

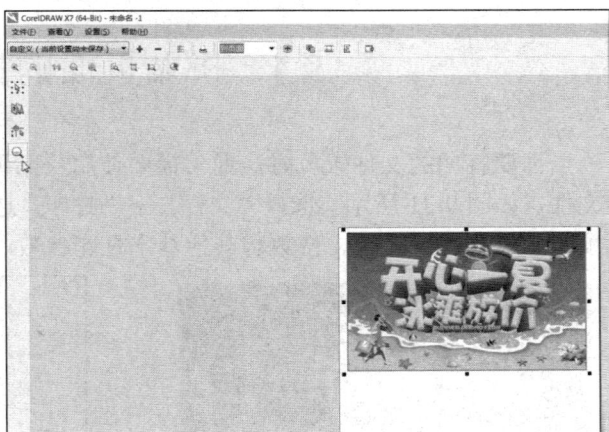

图 9-28 缩小效果

9.3.4 分色预览

分色预览用于设置图像以其他颜色进行显示。选择要预览的对象，在打开的"打印"对话框的"颜色"选项卡中选中"分色打印"单选按钮，然后在"分色"选项卡中选择相应的颜色，即可查看各个分色效果。图 9-29 和图 9-30 所示分别为青色和品红色显示的预览效果。

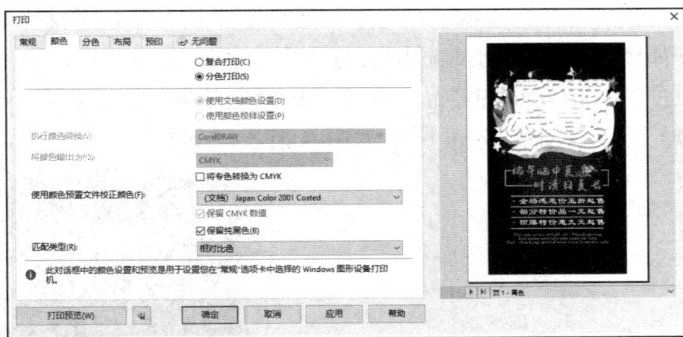

图 9-29 青色预览效果

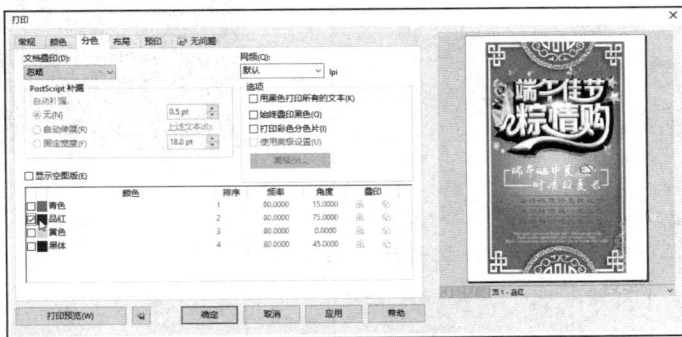

图 9-30 品红色预览效果

9.4 拼贴页面的打印设置

当需要打印的文件较大时，通常需要使用拼贴页面打印功能。打开需要拼贴页面的打印文件，如图 9-31 所示。选择"文件"→"打印"选项，打开"打印"对话框，在"常规"选项卡中设置打印范围、份数和其他基本打印参数，如图 9-32 所示。

图 9-31 拼贴打印文件

图 9-32 设置"打印"选项卡中的参数

设置完成后，选择"布局"选项卡，选中该选项卡中的"打印平铺页面"复选框和"平铺标记"复选框，如图 9-33 所示，此时即可打印多个拼贴页面，并打印拼接标记，以便将打印出来的多个页面拼贴成完整的作品。若要查看打印效果，则单击左下角的"打印预览"按钮，进入打印预览模式，如图 9-34 所示为用 4 张 A4 纸拼贴的打印预览效果。

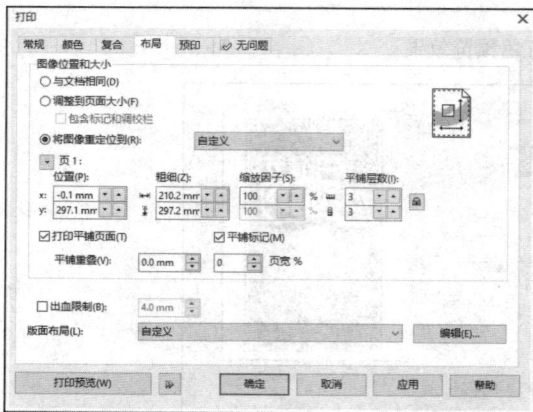

图 9-33 设置布局参数

图 9-34 打印预览效果

9.5 合并打印

　　得用 CorelDRAW X7 中的合并打印功能可以将来自数据源的文本与当前绘图文档合并，并打印输出。在日常工作中经常需要打印一些格式相同而内容不同的文件，如信封、名片、明信片、请柬等，如果逐一进行编辑打印，数量较大时，操作会非常烦琐，这时就可以应用合并打印功能快速打印文件。

　　选中要打印的文件，选择"文件"→"合并打印"→"创建/载入合并打印"选项，打开"合并打印向导"对话框，选中"创建新文本"单选按钮，如图 9-35 所示。然后单击"下一步"按钮，进入"添加域"页面，可以设置要创建的文本域和数字域，如图 9-36 所示，单击"添加"按钮，添加域名。然后单击"下一步"按钮，进入"添加或编辑记录"页面，在该页面中可以添加、删除或编辑记录中的数据，如图 9-37 所示。然后单击"下一步"按钮，进入如图 9-38 所示的页面，确认是否保存数据设置，如果确认数据无误，单击"完成"按钮，即可完成设置。

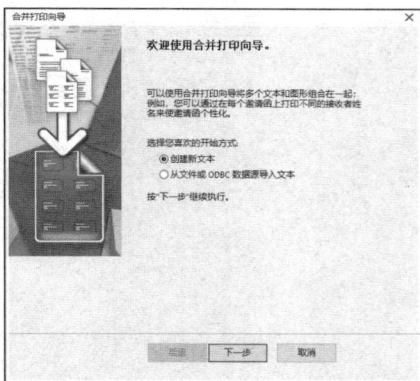

图 9-35　"合并打印向导"对话框 1

图 9-36　"添加域"页面

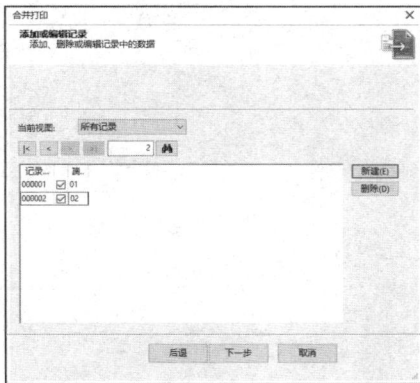

图 9-37　"添加或编辑记录"页面

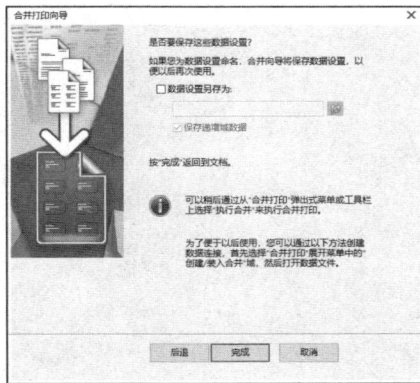

图 9-38　"合并打印向导"对话框 2

　　此时在窗口中会显示"合并打印"对话框，如图 9-39 所示。单击该对话框中的"插入合并打印字段"按钮，添加需要打印的多个对象，并适当调整字段位置。然后单击对话框中的"执行合并打印"按钮，执行合并打印工作，打开"打印"对话框。在该对话框中设置更多打印选项，然后单击"打印"按钮，即可进行合并打印。

图 9-39 "合并打印"对话框

参 考 文 献

冯阳山，李欣洋，陈益品，2018. CorelDRAW X8 中文全彩铂金版案例教程[M]. 北京：中国青年出版社.

麓山文化，2012. CorelDraw X6 平面广告设计 228 例[M]. 北京：机械工业出版社.

数字艺术教育研究室，2016. 中文版 CorelDRAW X7 基础培训教程[M]. 北京：人民邮电出版社.

王维，2013. CorelDRAW X4 图形设计教程[M]. 北京：人民邮电出版社.

参考文献